KB270817

효원이 잘 커요?

효원이 잘 커요?

기저귀 빠는 아빠 박기복의 열혈육아기

효원이 잘 커요?

살림

프롤로그

아이를 낳고 기르면서 저는 우리 사회가 참 아이들을 배려하지 않는 사회구나 하는 것을 많이 느끼게 되었습니다. 놀이터에서 아이와 함께 직접 놀아보고 난 후에야 놀이시설들이 아이들에게 얼마나 위험한 것인지 깨닫게 되었고, 아이와 함께 보도를 걸어보고 나서야 아이들이 걷기에 보도가 얼마나 위험한지 실감할 수 있었습니다. 우리 아이가 먹을 거라고 생각하니 안심할 만한 먹을거리를 찾기가 너무도 힘들었습니다.

날로 심각해지는 보육문제를 다루는 모 방송사의 프로그램에 잠깐 출연한 적이 있었습니다. 특집 프로그램으로 기획 의도와 내용이 아주 좋은 프로그램이었습니다. 그런데 사전에 분명히 우리 아이를 포함해서 아이들이 네 명씩이나 온다는 사실을 알고 있었음에도 프로그램을 진행하시는 분들의 아이들에 대한 배려는 만족스럽지 못했습니다. 그 바람에 함께 따라간 제 아내는 방송이 진행되는 두 시간 동안 스튜디오 바깥에서 네 아이를 챙기느라 무척 고생을 했습니다.

이는 단적인 예일 뿐입니다. 우리 사회는 전반적으로 아이들에 대한 배려가 부족합니다. 지나치게 어른 중심적이라고 해야 맞을 것 같습니다. 아이들에게 필요한 것이 무엇이며 아이들이 진정 원하는 것이 무엇인지는 뒷전이고, 어른들의 입장에서 모든 것이 만들어지고 구성되고 진행되니 어른 중심적이라고 할 만합니다. 참으로 아이들이 살기엔 힘겨운 사회입니다.

우리 부부는 주변의 만류와 우려에도 불구하고, 4.44kg의 아이를 조산원에서 수중분만으로 낳았습니다. 이제 그만 하라는 말을 숱하게 들으면서도 두 돌이 넘을 때까지 아이에게 모유를 먹였습니다. 이유식도 전부 만들어 먹였고, 기저귀는 천 기저귀만을 썼으며, 자주 안아주면 버릇 나빠진다는 말을 무시하며 아이가 원할 때까지 안아주었습니다. 거기다 아빠는 출세를 포기했냐는 말을 들으면서까지 육 아휴직을 했고, 이제는 아예 직장을 그만두고 집에서 아이를 돌보고 있습니다. 남 들이 보면 정말 저렇게까지 해야 하는가 싶을 정도로 '극성스럽게' 아이를 돌보고 있습니다.

'극성스럽다'보니 주변에서 말이 많은 게 사실입니다. 한 여자 선배는 제게 부모 가 모든 걸 희생하며 아이를 키우는 것은 옛날식 사고방식이라면서 '부모에겐 부모 의 생이 있고 아이에겐 아이의 생이 있으며 부모가 아이에게 해주어야 할 것은 아 이가 스스로의 힘으로 세상의 문제를 해결하며 자랄 수 있도록 도와주는 것이 아니 냐'고 물었습니다. 맞는 말입니다. 전적으로 공감하는 말입니다. 그러나 우리 부부 는 예전 어머니들처럼 자식을 위해 모든 것을 희생하고, 오직 자식을 통해서만 인 생의 의미를 찾고 있지는 않습니다. 우리 부부는 둘 다 자신의 삶 속에서 만족을 추구하고 있으며, 아이를 통해 인생의 성취를 보장받을 생각은 추호도 없습니다. 아이에겐 아이의 삶이 있으며, 부모가 해줄 몫은 아이가 자신의 삶을 잘 꾸려나갈 수 있도록 밑바탕을 마련해 주는 것에 있다는 믿음은 확고합니다.

우리가 조금 극성스럽다 싶을 정도로 정성을 들였던 이유는 자연분만을 하고, 모 유수유를 하고, 이유식을 손수 만들어 먹이고, 천 기저귀를 쓰고, 아이에게 수용적 인 태도를 취하고, 아빠가 적극적으로 육아에 참여하는 것 등의 육아 방식이 영유아 기 때의 아이에겐 가장 중요한 것이라고 생각했기 때문입니다. 이 시기에 형성된 아이의 성격과 신체가 평생을 좌우할 만큼 중요하다고 생각했기 때문입니다. 의존

적이지 않고 독립적이며, 고립적이지 않고 사람들과 원만한 관계를 가지며, 불신보다 믿음을 갖고, 인간에 대한 의구심보다는 믿음과 사랑을 갖게 하기 위함입니다.

어른 중심이 아닌 아이 중심의 사회를 만드는 것과 아이의 미래를 위해 부모가 최선의 노력을 기울이는 것은 결국 같은 길이라고 생각합니다. 그것은 어른과 부모가 아닌 아이의 눈으로 세상을 보고, 아이가 원하는 걸 중심에 두는 것입니다. 아이들은 안전하게 보호받을 권리가 있으며, 행복할 권리가 있고, 자신의 삶을 존중받을 권리가 있습니다. 아이들은 인권을 존중받으며 태어날 권리가 있고, 엄마 젖을 빨 권리가 있으며, 부모의 사랑을 듬뿍 받을 권리가 있습니다. 어른들, 그리고 부모에겐 이러한 아이들의 권리를 지켜줄 의무가 있습니다.

아이들에게 공공장소에서 예의를 지켜야 한다고 교육할 필요도 있지만, 또한 어른들이 아이들의 특성을 이해하고 버릇없는 행동일지라도 너그러이 수용해 줄 필요도 있는 것입니다. 저는 그것이 아이 중심의 사회가 되는 길이라고 믿습니다.

제가 쓴 이 작은 이야기가 우리 아이들이 좀더 행복하게 자라는 환경이 만들어지는 데 작은 밑거름이 되었으면 하는 바람입니다.

차례

“아이의 삶은 아이의 것입니다.
부모의 몫은 아이가 제 삶을 잘 꾸려나갈 수 있도록
밑바탕을 마련해 주는 것입니다.”

엄마에겐 행복한 출산, 아이에겐 폭력 없는 출산

병원이냐? 조산원이냐?

내 아내는 대학병원에서 근무하는 간호사다. 그래서 그런지 아내가 조산원에서 아이를 낳겠다고 하자 거의 모든 사람들이 뜨악한 표정으로 왜 그러느냐고 되묻곤 했다고 한다. 대부분의 병원 직원들과 동료들은 당연히 아내가 병원에서 아이를 낳을 줄 알고 있었을 것이다. 나 또한 아내가 근무하는 병원을 두고 조산원에서 아이를 낳을 예정이라고 하면 의아한 얼굴로 되묻는 사람들을 경험하곤 했다. 거의 모든 사람들이 안전한(!) 병원을 놔두고, 그리고 직원이기에 훨씬 더 편안할 병원을 놔두고 왜 하필 위험을 감수하며 조산원에서 낳을 결심을 했냐고 물었다.

솔직히 나 또한 아내가 임신 5~6개월이 될 때까지 병원이 안전하다는 고정관념에서 벗어나지 못하고 있었다. 만일의 사태가 일어나면 긴급하게 대처할 수 있는 병원에서 분만을 해야 한다는 생각이었다. 일반적인 병원의 분만 환경이 싫기는 했지만, 그렇다고 뾰족한 대안에 대해 고민한 적도 없었다. 막연하게 자연분만이 좋고, 남편이 참여할 수 있는 분만 환경이면 좋겠다는 생각이었다. 그러던 어느 날 아내가 얻어온 출산관련 다큐멘터리를 보게 되었다.

그것은 충격이었고, 감동이었다. 난 그때 처음으로 아이가 태어나는 모습을 보았다. 그때까지 가지고 있던 출산에 대한 막연한 상상은 구체적이고 확고한 현실로 바뀌었다. 부부가 함께 하는 출산, 아이에게 폭력을 가하지 않는 출산에 대해 알게 된 것이다. 무엇보다 출산은 병이 아니라 새로운 생명이 탄생하는 축복

　그러나 역시 문제는 현실이었다. 그러한 출산을 가능하게 해줄 믿을 만한 곳을 주변에서 쉽게 찾을 수 없다는 점이 고민이었다. 그때부터 나는 인터넷을 뒤지기 시작했고, 집에서 가까운 부천의 한 조산원을 알게 되었다. 조산원의 프로그램 중 부부가 함께 참여하는 출산준비 부부교실이 있어 참가 신청을 했다. 출산교실에서 체조도 배우고 호흡법도 배웠다. 신생아를 관리하는 법도 배웠으며, 다른 산모들이 아이 낳는 모습을 비디오로 보기도 하였다. 그러나 무엇보다도 큰 소득은 출산에 대한 그릇된 편견과 지식이 바로잡혔다는 것이다.

　　"출산시 순수한 자궁수축(진통)의 시간은 모두 다해서 1시간에서 2시간 정도입니다. 2시간은 상당한 난산에 속합니다."

　이 말을 듣고 아내와 나의 생각은 180도 바뀌었다. 자연분만이 좋다는 건 알았지만 출산의 고통에 대한 두려움이 컸던 우리에게 그 말은 힘들더라도 함께하면 충분히 견뎌낼 수 있을 거라는 자신감을 심어주었다. 출산교실을 통해 얻은 또 하나의 소득은 조산원에 대해 강한 신뢰감이 생겼다는 점이다. 이는 출산에 대한 어떤 지식보다도 소중한 것이었으며, 우리의 선택이 올바르다는 확신을 심어주었다.

　그러나 막상 출산의 시간이 다가오자 마음과는 달리 걱정이 앞섰다. 출산예정일이 지난 뒤에도 아이가 나올 기미가 전혀 보이지 않았기 때문이다. 출산예정일이 지난 다음 날 아내가 조산원에서 진찰을 받고 나서 전화를 했다. 아내는 조산원에서 지하철역까지 걸어왔다면서 말문을 뗐다. 조산원에서 지하철역까지의 거리는 상당해서, 평소에는 택시를 타거나 마을버스를 타고 다니던 거리였다. 아이가 4kg

이 넘게 나간다고 했다. 머리 크기도 10㎝가 넘는 것 같다고 했다. 그런데 아직 아이는 골반 입구로 진입하지도 않았다고 했다. 아내의 걱정이 이만저만한 게 아니었다.

그때 참으로 많은 생각들이 스쳤다. 왜 우리가 자연분만을 고집했고, 병원에서 아이 낳는 것을 거부하려고 했는지 다시 한번 생각을 해보았다. 내 입장에서는 아이가 태어나는 과정에 아빠가 조금이나마 참여할 수 있는 공간이 마련되기를 바라는 마음이었던 것 같다. 그런데 상황은 그리 만만치 않았다. 물론 출산의 과정이 항상 그렇듯 힘겹고 수많은 고통을 동반하겠지만, 4kg이 넘는 아이는 조금 부담스러웠다. 태어나지도 않은 아이에게 괜한 원망도 해보았지만 부질없는 짓이었다. 조산원 홈페이지에서 42주가 지난 4.41kg의 아이를 32살의 산모가 초산으로 낳았다는 글을 읽은 적이 있었다. 그때는 참 대단하구나 싶었는데, 비슷한 상황이 우리 앞에 현실로 다가온 것이다.

그때 아내와 나는 많은 갈등을 했다. 일단 최선을 다해보기로 했지만, 어떻게 될지 몰랐다. 좀더 노력해 보기로 했다. 그러나 정말 문제가 있다면 선택은 어쩔 수 없는 방향으로 가야 할 것이라고 생각했다. 자연분만은 위험하지 않을 때 행할 수 있는 선택이며, 산모와 아이가 위험한 상황이라면 선택은 하나밖에 없기 때문이다. 아내는 매우 힘겨운 싸움을 해야만 했다. 그런 아내에게 나는 솔직히 거의 도움이 되지 못했다. 아내의 걱정을 덜어주기보다 나 또한 그 걱정을 짊어지고 있었으며, 그것이 오히려 아내를 힘겹게 했다. 아이가 신호를 보낼 때까지 아내는 계속해서 조산원에 다니며 체조를 열심히 하겠다고 했다. 그리고 추운 찬바람을 뚫고 그 먼 거리를 걸어다니겠다고 했다.

생명의 탄생은 참으로 힘겨운 과정을 겪어야 함을 새삼 깨달았다. 그러나 앞으로

닥칠 힘겨움에 비하면 지금 이 순간의 고통은 아무것도 아닐 것이다. 과연 우리 두 사람, 아니 세 사람이 그 과정을 이겨낼 수 있을까? 행복한 웃음으로 축복의 순간을 함께 맞이할 수 있을까? 걱정은 꼬리를 물고 이어졌다.

과연 우리의 선택은 올바른 것일까?

조산원을 선택한 사람들

우리뿐 아니라 조산원에서 아이를 낳겠다고 결심한 많은 이들은 크건 작건 병원과 조산원 사이에서 갈등을 겪는다. 남편의 염려 어린 말부터 부모님들의 강압적인 권고, 거기다 주위 사람들의 필요 없는 걱정까지 더해지면 갈등은 더욱 커질 수밖에 없다. 나의 잘못된 선택으로 아이에게 문제가 생기는 것은 아닐까 하는 우려까지 더해지면 아무리 결심을 확고하게 했더라도 흔들릴 수밖에 없다. 그럼에도 불구하고 조산원을 선택한 사람들이 있다. 우리는 그 힘겨운 결정을 내린 수많은 사람들의 사례를 접하고 더욱 용기를 낼 수 있었다.

서른 일곱 산모의 선택

"당신의 선택이 옳았어, 당신의 판단이 옳았어."

아이가 태어나기 바로 직전 남편이 건넨 말이다. 이 말을 듣고 얼마나 기뻤는지 모른다. 3년 전 서른 넷의 나이에 통증 경험도 없이 담당의사 선생님의 권유로 첫애를 수술로 낳았다. 아기와 산모에게 후유증이 생기면 책임을 못 지니 수술하라는 말을 듣고 남편은 '아기와 아내에게 안전한 길은 수술뿐'이라며 나를 재촉했었다. 첫아이는 수술로 낳았지만 둘째 아이는 진통을 경험하며 자연분만을 하고 싶었다. 수술시 자궁을 세로로 절개했다면 자연분만시 자궁 파열이 올 수도 있다는 얘기를 듣고, 수술했던 병원에 문의를 했다. 복부엔 수술자국이 세로로 선명하게 나 있는 상황이었다. 그러나 병원에서는 수술 기록도, 수술했던 의사도 없어서 확인을 못 해주겠다는 것이 아닌가?

조산원에 문의를 하니 기도를 하고 확고한 결심이 서면 그때 오라고 했다. 자연 분만을 할 길이 있다는 생각에 기뻐서 잠이 오지 않았다. 하지만 남편은 완강히 말렸다. 혹시 불상사라도 생기면 어떻게 하냐는 것이었다. 조산원에는 전문의가 없다는 이유도 더해졌다. 남편의 염려를 충분히 이해할 수 있었지만 조산원과 나, 그리고 아이를 신뢰하는 마음으로 남편의 완강한 반대에도 불구하고 조산원에서 분만하기로 결정했던 것이다. 그리고 그 선택은 옳았다.

스물 한 살 어린 산모의 선택

임신이라는 사실을 알게 된 후 인터넷을 통하여 여러 가지 정보를 알아보았다. 겁이 많아 병원에 가는 것을 무서워했기 때문에 막연히 병원에서 아기를 낳고 싶지 않다는 생각을 하고는 있었지만, 아이나 산모에게 병원이 좋지 않다는 글들을 많이 접한 후 절대로 병원에서 분만하지 않기로 다시 한번 마음먹게 되었다. 여기저기 알아보니 꼭 병원이 아니더라도 충분히 다른 방법으로 아이를 낳을 수 있는 방법들이 많았다. 그러다 찾게 된 곳이 바로 부천에 있는 조산원이었다.

우선 병원이 아니라 좋았고 남편과 분만할 때 함께 있을 수 있다는 점이 마음에 들었다. 그러나 내가 조산원에서 분만을 하겠다고 하자 부모님을 비롯하여 친구들까지도 이상한 사람 취급을 했다. 가까운 병원을 놔두고 왜 하필이면 의사도 없는 조산원에서 아이를 낳으려 하느냐며 위험할지도 모르니 첫아이는 병원에서 낳는 게 좋지 않겠냐고들 했다. 하지만 이미 오래전부터 마음먹고 있었던 터라 흔들리지 않았고, 주위에서 반대할수록 더욱더 조산원에서 분만을 하고 싶다는 생각이 들었다. 그리고 걱정하는 친구에게 이렇게 말해주었다.

"병원은 아프거나 병든 사람들이 가는 곳이야. 아이를 낳는 것은 아프기는 하지만 병이 아니니까 굳이 병원에 갈 필요는 없잖아?"

출산의 과정은 정말 힘들고 고통스러운 시간이었고, 진통이 오는 순간마다 괜히 자연분만을 하는 건 아닌지 후회도 약간 들었지만, 지금은 내가 한 선택이 얼마나 옳은 것이었는지 확인하고 있다. 오로지 내 힘으로 사랑스런 아이를 낳았다는 사실이 너무 자랑스럽다.

42주를 기다린 고집스런 선택

임신을 하고 나서 파견근무 나간 남편을 따라 독일에서 살았다. 임신 후 수중분만에 대한 어느 체험담을 읽고 독일이 아닌 한국에서 아이를 낳더라도 꼭 수중분만을 하겠다는 결심을 했다. 독일의 산부인과는 출산 전까지 산모의 진료만 할 뿐 아기는 조산원에서 산파가 받게 되어 있다. 독일에서는 40주까지는 병원에 다니지만 진통이 오면 조산원으로 가고, 의사가 먼저 '이제 병원은 올 필요가 없다'는 말을 한다. 제왕절개니, 촉진제니 하는 것들은 흔히 받을 수 있는 진료가 아니며 오직 자연분만만이 분만의 방법으로 장려된다. 그래서 우리 부부는 되도록 인간적인 대우를 받으며 독일에서 출산하기를 희망했었다. 그러나 결국 9개월 만삭의 몸으로 서울행 비행기에 오르게 되었고, 한국에선 대체 어느 병원에 가야 그나마 인간적인 대우를 받으며 수중분만을 할 수 있을지 고민하게 되었다.

친구의 소개로 수중분만을 한다는 병원을 찾았지만, 독일의 친절한 의사 선생님께 '대우' 받다가 여러 사람이 5분 간격으로 들락날락거리며 붐비는 산부인과를 다니려고 하니 속상한 생각이 들었다. 그러다가 구청에서 실시하는 무료교육을 받던 중 우연히 부천에 있는 조산원을 알게 되었다. 그 조산원에서는 회음부 절개도 하지 않고 촉진제나 기타 인위적인 의료행위를 하지 않으며, 분유를 먹이는 병원과 달리 모유수유를 철저히 권장한다는 이야기를 듣고 갈등이 생겼다. 다른 병원에서 수중분만을 시도했지만 진통이 오지 않아 끝내는 밖에서 아이를 낳았거나, 진통을 참지 못해 촉진제를 맞고 아기를 낳은 친구들에게 자문을 구했다. 분만대기실은 많은 산모들이 대기하느라 정신이 없고, 내진할 때 남편을 밖으로 내보내며, 회음부를 절개하고 면도도 한다는 이야기를 들었다.

이런 이야기를 들으며 나는 조산원으로 마음을 바꾸게 되었고, 예정일 하루 전에 조산원을 방문하였다. 조산원의 분위기는 집 같았다. 커다란 욕조도 좋았지만 개개인이 쉴 수 있게 만든 분만대기실이 더욱 마음에 들었다. 이곳이라면 폭력적인 출산이 아니라 축제 분위기의 출산이 가능하리라는 생각이 들었다. 주변 사람들은 경기도 이천에 사는 우리 부부가 서울에 있는 병원에서 수중분만을 할 계획이란 말을 듣고 유난 떤다고 했는데, 이제는 2시간 거리인 부천의 조산원으로 가겠다고 하니 더 난리들이었다. 그럼에도 불구하고 내 결심은 확고했다.

그런데 42주가 넘도록 진통이 오지 않았다. 병원과 연락을 끊은 것이 불안해지기 시작했다. 할 수 없이 42주가 되는 토요일에 남편과 병원을 찾으니 양수가 줄고 있으며 42주가 넘도록 진통이 없는 아이는 더 기다려도 진통이 오지 않을 거라며, 월요일에 입원준비를 해서 병원에서 유도분만을 해보고 안 되면 제왕절개를 하자고 했다. 모든 게 수포로 돌아간다는 생각이 들자 절망감이 밀려왔다. 조산원에 전화하니 당장 오라고 했다. 조산원에서는 초음파로 아기를 진찰해 보더니 아기가 별로 크지도 않고 양수도 넉넉하다며 일주일 정도 더 기다려도 된다고 했다. 그러면서 병원에 갈 것인지 더 기다렸다가 조산원에서 애를 낳을지는 본인이 결정할 문제라고 했다.

수요일까지 더 기다려보기로 하고 집으로 돌아왔다. 하루하루가 피가 마르는 것 같았다. 내 고집 때문에 아기가 위험해지는 게 아닌가 하는 불안감! 더 기다려도 진통이 오지 않으면 병원에서 낳아야 한다는 실망감! 거기다 쇄도하는 주변 사람들의 전화는 나를 더욱 괴롭혔다. 주변의 성화에 남편과 시간 맞춰 전화할 시간을 정하고 나머지 전화는 받지 않는 날들이 계속되었다. 매시간 계속되는 고민과 갈등, 그리고 쏟아지는 전화세례로 지쳐갈 즈음이던 수요일 새벽 3시쯤 그렇게 기다리던 진통이 왔다. 그리고 그렇게도 바라던 축복된 출산을 맞이할 수 있었다.

아빠의 선택

둘째를 임신한 아내가 어느 날 퇴근한 나에게 조산원에서 아이를 낳아보겠다는 말을 했다. 병원과 같은 의료기관에서 낳을 생각만 했던 나는 당연히 왜? 라고 물을 수밖에 없었다. 그도 그럴 것이 아내는 첫 번째 아이를 차가운 병원의 수술대 위에서 마취된 상태로 낳았기 때문이다. 첫째를 제왕절개로 낳은 엄마는 둘째도 수술해야 하고, 아이도 셋밖에 낳을 수 없다고 알고 지냈던 터라 아내가 조산원에서 아이를 낳겠다고 했을 때 조금은 당혹스럽기까지 했다. 그리고 과학이 진보하여 사람과 공생하는 시대에 조산원이라니 하는 생각도 들었다. 조산원은 허름한 건물

첫아이는 예정일에 맞춰 의사가 지정한 시간에 병원에 도착한 후 간단한 서류작
성을 끝내고 수술로 낳았다. 수술실로 들어가는 아내의 마지막 손을 잡아주는 정도
밖에 해줄 수 있는 것이 없었다. 마지막 손을 따뜻하게 그냥 잡아주는 것 말고 아무
것도 할 수 없다는 것이 못내 가슴이 아팠지만, 아내가 무사히 저 수술실에서 나오
기만을 기다렸다. 그리고 간호사가 불러 3~4초 정도 아이를 대면하고, 다시 황급히
들어가는 간호사의 뒷모습을 보는 것으로 출산이 끝났음을 알았다. 아이가 무사하
다는 것과 아이의 발목에 적힌 아내의 이름을 확인하며 내 아이를 직접 봤다는 것
이 너무나 신기했다. 그러나 곧 아내 걱정으로 초조해졌다.

기다리고 또 기다렸다. 삼십 분 후 옷을 허름하게 걸친 채 수술실에서 나오는
아내의 초췌한 모습을 보고 너무나 마음이 아팠다. 그 후 일주일 동안 아내의 고통
을 눈으로 지켜보면서 남편으로서 아무것도 해줄 수 없었던 상황이 너무도 안타까
웠다. 진통이 힘들다지만 수술 후의 아내의 모습은 진통의 과정보다 더 힘겨워 보
였다. 아내는 겨우 몸을 추스르고 사흘이 지난 뒤에야 자신이 낳은 첫아이를 볼
수 있었다. 신생아실에서 눈을 가리고 옷 하나 걸치지 않은 채 혼자 황달 치료를
받는 아이의 모습을 본 아내는 그만 울음을 터트리고 말았다. 나는 그대로 아내를
입원실로 데리고 갔을 뿐 아무것도 할 수 없었다.

첫아이 때의 고통스런 기억 때문인지 아내는 조산원에서 아이를 낳겠다고 했던
것이다. 제왕절개를 했지만 자연분만을 할 수 있다는 확신이 있다면서 그렇게 해줄
분을 함께 만나러 가자고 했다. 아내와 함께 조산원을 방문한 날 조산원의 깨끗한
시설을 견학하고 수중분만과 자연분만, 그네분만을 할 수 있는 시설을 둘러보며

이런저런 설명을 들었다. 그런데 두꺼운 안경을 낀 할머니가 원장님일 것이라고 생각했던 나에게 똑똑해 보이고 지적으로 보이는 원장님의 모습은 가히 충격에 가까웠다. 출산 과정과 조산원에 대해 원장님에게 충분한 설명을 들은 후 나는 확신이 생겼다. 이곳이다. 이곳이라면 첫째 때와 같은 고통은 없을 것이다. 안타까운 마음뿐 남편으로서 아무것도 할 수 없었던 가슴 아픈 상황은 없을 것이라는 확신이 생겼다. 그리고 출산 과정 내내 첫째와 달리 아내를 위해 남편으로서 할 수 있는 모든 것을 해줄 수 있었다. 고통이 아닌 축복을 맛볼 수 있었다.

행복한 출산을 경험한 아빠들이 늘어나고 있다. 병원 밖에서 담배 피우며 안절부절 기다리는 TV 속 남편들의 모습은 이제 더 이상 일반적이지 않다. 출산의 순간을 함께하는 것은 좋은 아빠, 좋은 남편의 필수요건이 되고 있다. 출산이 여자의 몫이라는 고정관념이 서서히 사라지고 있지만, 아직도 출산은 꼭 병원에서 해야 한다는 고정관념은 뿌리 깊게 남아있다. 만일에 있을지 모르는 위험에 대한 불안감은 '출산은 병원에서'라는 확신을 낳고 있는 것이다. 그러나 실제 출산 과정에서 병원이 필요한 경우는 많지 않다. 스물 한 살 어린 산모의 말처럼 출산은 아프기는 하지만 병이 아니기 때문이다. 행복한 출산을 위해서 병원이 아닌 다른 공간에서 아이를 낳아보겠다는 선택, 병원에서 낳더라도 좀더 편안하고 안락한 분위기에서 낳아보겠다는 선택을 해보는 것이 어떨까? 위에서 소개한 사례들처럼 우리 부부 또한 그러한 선택을 한 것이다.

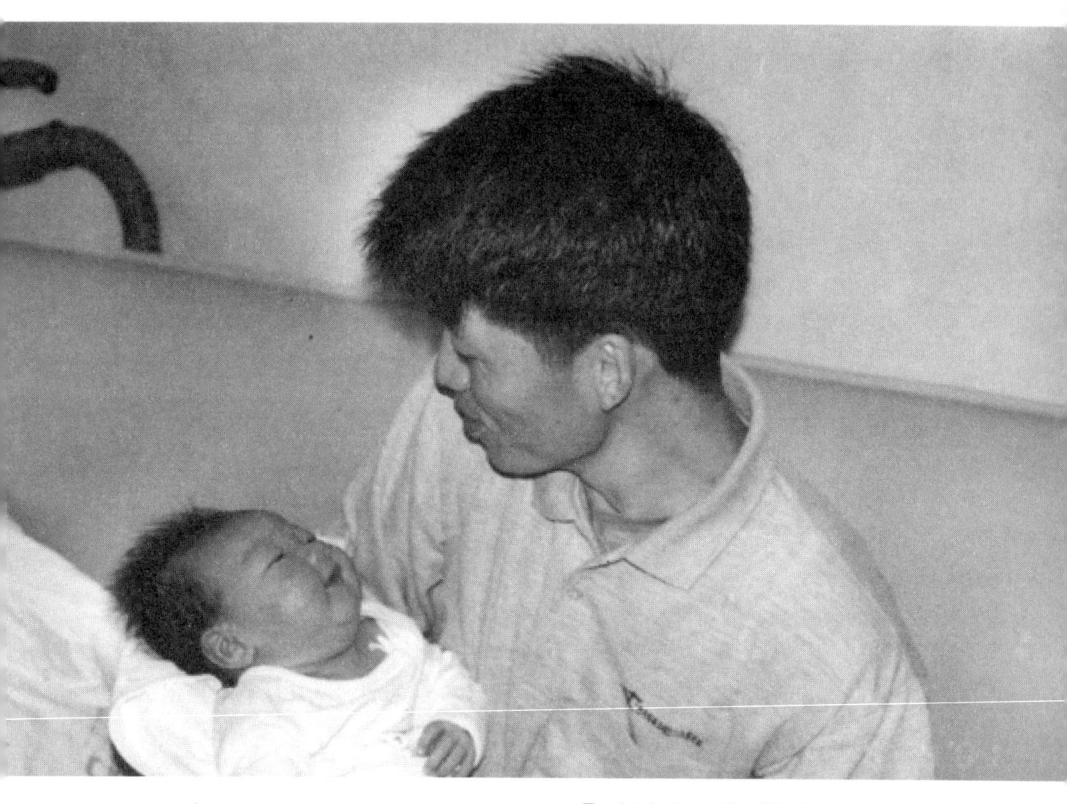

행복한 출산을 경험한 아빠들이 늘어나고 있다. 출산의 순간을 함께하는 것은 좋은 아빠, 좋은 남편의 필수요건이 되고 있다.

출산 과정 이해하기

출산을 준비하며 우리 부부는 많은 공부를 했다. 행복한 출산을 맞기 위해서는 먼저 출산 과정에 대해 정확히 이해하고, 두려움을 떨쳐버려야 자신감을 갖고 출산에 임할 수 있다고 생각했기 때문이다. 우리 부부뿐 아니라 조산원을 선택한 이들은 막연한 공포 대신에 출산에 대한 이해를 바탕으로 충분히 이겨 낼 수 있다는 확신을 가졌기에 주변의 무수한 간섭과 우려에도 불구하고 행복한 출산을 맞이할 수 있었다. 병원에서 출산을 하는 경우도 마찬가지일 것이다. 출산의 주체가 되기 위해서는 의료진에게 무조건적으로 의존하기보다는 출산 과정을 정확히 이해할 필요가 있다. 다음에 소개하는 내용은 출산을 준비하며 조산원에서 교육받은 내용과 각종 자료를 종합해 본 것이다. 다소 길지만 출산을 준비하는 데 많은 도움이 될 것 같아 소개한다.

아이를 기다리며 기대 반 걱정 반으로 보낸 임신 기간이 10개월에 접어들면 출산의 순간이 다가오게 된다. 출산이 다가오면 엄마 몸에는 출산이 가까워졌다는 조짐들이 나타난다. 먼저 아이가 아래로 내려가기 때문에 위의 압박감이 사라지고 배가 단단하게 뭉치는데, 이는 엄마의 몸이 자궁수축을 연습하는 것이다. 태아가 골반 속으로 들어감에 따라 태아의 움직임이 줄어들고 분비물은 많아지며 소변도 자주 보게 된다. 또한 골반이 넓어지면서 넓적다리 윗부분이 뻣뻣해진다.

출산이 다가오면 대부분의 산모들은 가진통을 경험하게 된다. 가진통은 진진통과 달리 진통이 불규칙적으로 찾아온다. 하지만 처음부터 진통이 5분 간격으로 온다면, 이는 가진통이다. 또한 가진통은 복부 위쪽이 국소적으로 아프며 움직이거나 걸으면 진통이 그대로이거나 약해진다. 가진통은 움직일 때 진통이 절대 강해지지 않는다. 이에 반해 진진통은 진통과 함께 이슬이 비치며, 규칙적으로 찾아온다. 통증도 배 전체에서 느껴지며 특히 허리 쪽에 통증을 느끼게 된다. 양수가 터질 수 있으며 가진통과 달리 움직일 경우 진통이 더욱 심해진다.

분만은 크게 다섯 가지 요소에 의해 좌우된다. 태아의 상태, 태아가 나오는 길인 산모의 산도, 태아를 밀어내는 힘인 진통, 그리고 산모의 자세와 정신력이다. 이에 덧붙인다면 출산 환경도 일정한 영향을 미친다고 할 수 있다. 자연분만은 자연스럽게 이루어지는 분만, 스스로 알아서 이루어지는 분만이므로 산모가 가장 편안하고 안정감을 느낄 수 있는 환경이 중요하다. 사람이 없고 어둡고 따뜻하며 부드러운 음악이 흐르고 사랑하는 사람과 함께하는 환경에서 분만을 할 때 자연분만은 말 그대로 가장 자연스럽게 이루어질 수 있다.

먼저, 태아의 상태가 중요하다. 태아는 엄마 뱃속에서 양손을 X자로, 두 다리는 M자로 구부린 채 거꾸로 있다. 아이가 거꾸로 엄마 뱃속에 있지 않고 옆으로 있다면 반드시 수술해야 하고, 아이가 반듯하게 머리를 위로 하고 있는 역아(逆兒)는 대부분 수술해야 하지만 경우에 따라서는 자연분만을 할 수도 있다. 엄마 뱃속 아이의 얼굴 방향은 엄마의 뒤쪽을 향하고 있는 게 가장 좋다. 아기가 엄마와 같은 방향- 하늘을 보고 있다고 표현함, 엄마의 배 쪽을 향해 있는 경우- 을 보고 있을 경우 진통도 잘 걸리지 않고 출산도 난산으로 이어진다. 태아의 머리 크기도 중요한데 보통 9.5㎝이다.

둘째, 산모의 산도 또한 출산시에 중요한 영향을 미친다. 남자형 골반을 가진 사람은 자연분만을 할 수 없다. 임신 말기가 되면 골반뼈가 벌어지며 골반뼈를 연결하는 인대가 늘어나게 되면서 통증을 호소하게 된다. 골반의 모양은 원형이 아닌 '하트' 모양에 가까우며, 앞뒤보다 좌우가 조금 길다. 이는 아이 머리의 앞뒤 방향이 더 긴 것과 관련 있다. 즉, 출산시 아이 머리의 긴 방향과 골반의 긴 방향이 일치할 때 아이가 골반에 진입하면서 출산이 이루어지는 것이다. 하트 모양과 아이의 머리 모양을 연관지어 보면 쉽게 이해가 될 것이다. 골반 입구에서 골반 끝 부분의 중간지점에 좌골극(ischial spine)이라 불리는 뼈가 있다. 이 부분은 골반 중 가장 좁은 부분으로 흔히 '스테이션 제로(station zero)'라고 부른다. 이 부분의 길이보다 아이의 머리 크기가 클 경우 난산으로 이어지는데, 보통 머리 크기가 9.8cm보다 클 경우 난산이 될 우려가 높다.

아이가 '스테이션 제로'까지 진입하면 골반의 구조가 더 이상 진입할 수 없는 모양이어서 반드시 몸의 방향을 틀어 얼굴을 뒤로 향한다. 따라서 진통의 순간에 산모가 가만히 있는 것보다 아이가 몸을 틀 수 있도록 자주 움직여주는 게 좋다. 아이가 '스테이션 제로'에서 몸을 돌린 후 출산 과정이 진행되면 밖에서 아이의 머리를 서서히 볼 수 있다. 이때 다시 아이의 어깨가 '스테이션 제로' 지점에서 걸리게 되고, 아이는 다시 몸을 돌려 다음 진통 때 밖으로 나오게 된다. 이러한 출산 과정을 살펴볼 때 원만한 출산을 위해서는 아이의 위치와 자세가 매우 중요함을 알 수 있다.

아이는 머리 뒤쪽이 앞쪽보다 무겁다. 따라서 아이가 산모의 산도에 올바르게 진입하기 위해서는 엄마가 엎드린 자세를 많이 취해주어야 한다. 엄마가 엎드린 자세를 취할 경우 머리 뒤쪽이 아래쪽으로 향하게 되고, 이는 자연스럽게 아이가 엄마의 등을 바라보게 한다. 어른들이 요즘에는 왜 그렇게 힘들게 아이를 낳는지 모르겠다는 말씀을 많이 하시는데, 이는 과거 우리 어머니들이 아이를 낳던 시절에는 밭일, 청소일 등 쪼그리고 엎드려서 하는 일이 많아 자연스럽게 태아가 출산하기 원활한 방향으로 자리잡을 수 있었기 때문이다. 그러나 현대 여성들은 직장생활은 물론 청소와 빨래 등 가사일도 엎드리거나 쪼그려서 하는 경우가 드물다. 이러한 이유로 아이의 자세가 좋지 않게 되고, 이는 출산일의 지연과 난산으로 이어지는 결과를 낳고 있다. 따라서 평소에 자주 '고양이 체조'와 '엎드려 등 털기' 같은 엎드려서 하는 운동을 많이 하고, 집안 청소를 할 때도 진공청소기를 이용하기보다는 손으로 바닥을 쓸고, 걸레질을 하는 것이 좋다.

셋째, 모든 산모들이 두려워하지만 출산 과정에서 아주 중요한 것이 바로 진통이다. 많은 산모들이 진통 없이 아이를 낳을 수 없을까 고민하고, 진통의 두려움 때문에 수술을 선택하기도 한다. 그러나 진통은 아이에게도 산모에게도 매우 중요하다. 진통을 할 때 옥시토신(oxytocin) 호르몬이 분비되는데, 이 호르몬은 부부관계시 절정의 순간에 분비되는 호르몬과 같은 것으로 자궁을 수축시키는 역할을 한다. 옥시토신은 젖을 먹일 때도 필요한 호르몬이며, 밖으로 젖을 밀어내는 역할을 한다. 옥시토신은 흔히 '모성애를 일으키는 호르몬'으로 불리기도 한다. 이러한 옥시토신이 많이 분비되게 하기 위해서는 어둡고 따뜻한 환경과 수중분만시 사용되는 물이 많은 도움이 된다고 한다. 진통이 오는 것이 무서워 진통을 피하면 옥시토신이 분비되지 않아 아이를 정상적으로 분만할 수 없으며, 출산 후 모유수유를 하는 것도 어려워진다. 또한 옥시토신이 제대로 분비되지 않으면 출산 후 자궁수축이 원만히 진행되지 않아 산후 회복에도 도움이 되지 않는다. 진통의 과정을 차근차근 겪으며 산모는 조금씩 어머니가 되는 준비를 하는 것이다. 진통을 두려워하면 안 된다. 진통은 자연스러운 과정이며 출산시 반드시 필요한 과정이다. 진통을 정상적인 것으로 받아들일 때 출산은 고통이 아닌 좀더 축복된 과정으로 다가올 것이다.

넷째, 산모의 자세이다. 출산시 산모의 자세는 아이가 나오는 방향과 중력의 방향을 일치시켜 주는 것이 중요하다. 따라서 진통시 누워있는 자세는 바람직하지 않다. 특히 똑바로 누워있는 자세는 절대 피해야 한다. 진통시 서서 걷거나 엎드리는 자세가 좋다. 그러나 출산시 가장 좋은 자세는 산모가 원하는 자세이다. 몸이 원하는 대로 산모가 가장 편한 자세를 취하는 게 가장 좋은 자세이다.

다섯째, 출산시에 가장 중요한 것은 바로 산모의 정신력이다. 특히 공포감을 갖지 않아야 한다. 공포감을 느낄 때 분비되는 카테콜아민(catecholamine) 호르몬은 몸을 긴장시키고 경직되게 만든다. 카테콜아민 호르몬이 분비되면 옥시토신이 제대로 분비되지 않고, 자궁수축도 방해받아 결국 자연분만이 불가능해진다. 산모는 사전에 충분한 학습과 연습을 통해 진통의 순간을 대비해야 하며 진통을 공포로 받아들이기보다는 엄마가 되는 과정, 아이가 건강하게 태어나는 과정으로 인식하고 마음을 편안하게 가져야 한다. 마음이 편안하고 즐거운 생각을 가져야 몸속에서 진통을 이겨낼 수 있는 엔도르핀(endorphin)이 분비되어 고통을 줄일 수 있다. 사람마다 출산의 과정과 유형이 모두 다르므로 고정관념을 버리는 것도 공포감을 없애는 데 도움이 된다. 예정일이 지났다는 것에 대한 걱정, 진통시간에 대한 걱정, 진통시의 느낌에 대한 걱정 그리고 책에 나오는 내용이나 다른 사람의 경험담은 자신과는 아무런 관계가 없다는 것을 알아야 한다. 자연분만은 자연스럽게 자신의 몸과 아이를 믿는 것으로 충분하다.

공포를 줄이기 위해서, 그리고 진통을 이겨내기 위해서는 출산 전에 충분한 준비가 이루어져야 한다. 몸의 긴장을 푸는 이완법이나 호흡법이 특히 중요하다. 이완법은 몸의 긴장을 푸는 방법으로 온몸의 힘을 쭉 빼고 긴장과 경직된 부분이 없도록 하는 것이다. 남편과 함께 몸을 편안하게 한 후 긴장을 풀고 온몸을 이완시키는 연습을 자주 하는 것이 좋다. 출산시 진통의 고통을 이겨내기 위한 방법으로 가장 많이 제시되는 것이 호흡법이다. 호흡법은 흔히 라마즈 교실에서 가장 많이 실시되고 있다. 라마즈 호흡법은 흉식 호흡인데, 출산시에는 복식 호흡도 훈련만 되어 있다면 함께 하는 것이 좋다.

먼저 출산에 대한 고정관념을 버리는 것이 중요하듯 호흡법에 대한 고정관념도 버려야 한다. 진통이 이렇게 진행되었으니 이때는 이런 호흡을 해야 한다는 강박관념은 필요 없다. 자신의 몸에 맞는 호흡법을 찾아서 몸이 원하는 대로 하는 것이 가장 중요하다. 진통이 오면 호흡법을 이용하여 호흡을 하는데 진통이 찾아올 때와 끝날 때 심호흡으로 마무리하는 것이 기본원칙이다. 심호흡은 들이마실 때 배가 볼록하게 튀어나오게 하고, 내쉴 때 배꼽이 등에 붙는 느낌으로 하면 된다. 먼저 진통 초기에는 '느린 호흡'을 한다. '느린 호흡'은 평소 자신의 호흡수의 1/2로 느리게 하는 호흡을 말한다. 일반적인 산모들의 호흡수는 1분에 18회~24회이며, 먼저 자신의 호흡수를 남편의 도움을 받아 정확하게 확인해야 한다. 자신의 호흡수가 평소에 1분당 20회(1회 호흡간격 3초)라면 '느린 호흡'은 1분당 10회(1회 호흡간격 6초)가 된다. '느린 호흡'은 진통이 5분 간격으로 찾아올 때까지 자신을 차분하게 다스리는 호흡법이다. '느린 호흡'에 익숙해지기 위해서는 평소에 충분한 연습을 통해서 자신에게 맞는 호흡방법을 찾는 게 중요하다. '느린 호흡'시에는 코로 호흡을 하는 게 좋다. 입으로 호흡을 하게 되면 입이 마르게 되어 산모가 스트레스를 받을 수 있다. 만약 입으로 호흡할 경우 입천장에 혀를 붙이면 입이 마르지 않는다.

진통이 진행되다 보면 '느린 호흡'으로는 견디기 힘든 순간이 찾아오고, 이때 자연스럽게 '빠른 흉식호흡(얕은 흉식호흡)'으로 전환한다. '빠른 흉식호흡'은 자신의 평소 호흡수가 1분당 20회(1회 호흡간격 3초)였다면 30회(1회 호흡간격 2초)로 늘리는 것이다. '빠른 흉식호흡'은 몸이 지치고 힘들면 숨이 빨라지는 원리와 같다. 그런데 '빠른 흉식호흡'을 하다보면 가끔씩 머리가 어지러운 경우가 있는데, 이는 몸속에 산소가 너무 많이 공급되는 반면 이산화탄소는 부족한 것이 원인이므로 손으로 호흡기를 감싸고 호흡하거나, 비닐봉지에 숨을 내쉬었다가 다시 마시기를 몇 번 반복하면 된다.

진통 말기가 되면 소리를 지르고 싶을 만큼 큰 고통이 찾아온다. 진통 중기까지 우아하게 호흡하며 견뎠던 산모들도 참을 수 없는 고통에 표정이 일그러진다. 그러나 이때 소리를 지르는 것은 아기에게 산소가 공급되는 것을 막아 좋지 않은 영향을 줄 수 있다. 이때의 호흡법은 '히히히후' 호흡이다. '빠른 흉식호흡'과 같은 속도로 호흡을 하되, 내쉴 때 입천장에 혀를 붙이고 내쉬는 것이 '히'이고, 입천장에서 혀를 떼고 내쉬는 것이 '후'이다. '후'하며 내쉴 때는 많은 양의 숨을 한꺼번에 내뱉는다.

진통 말기가 어느 정도 진행되다 보면 갑자기 몸에 힘이 들어온다. 이때는 자궁문이 완전히 열려서 본격적으로 아이가 밖으로 밀고 나오는 순간이다. 이때는 아이가 잘 나올 수 있도록 산모가 힘을 주어야 한다. 힘을 주는 방법은 변비를 해결하기 위해 은근히 힘을 주는 방법과 같다. 이때 주의할 점은 계속해서 힘을 주기보다 처음 힘이 들어올 때 심호흡을 두 번 한 후, 6초 정도 지그시 힘을 주고 다시 호흡을 한 후 다시 6초 정도 지그시 힘을 주는 것을 반복하는 것이다. 호흡 없이 지속적으로 힘을 주는 것은 아이에게 좋지 않을 수 있다. 이때부터 아이의 머리숱이 조금씩 보이기 시작한다. 그런데 어느 순간 회음부가 당기고 불룩한 느낌이 든다면 그때는 힘을 빼야 한다. 힘을 빼는 방법은 복부가 움직일 정도로 '하하하'하며 긴장을 풀고 숨을 내쉬는 것이다. 이때 긴장을 잘 풀어야 회음부에 상처 없이 깨끗하게 아이를 낳을 수 있다. 많은 산모들이 어쩔 수 없이 회음부 절개를 받아들이는데, 호흡과 힘 조절을 잘 하면 회음부에 전혀 상처를 입지 않을 수 있다. 아이를 낳은 후 30분 정도가 지나면 다시 한번 진통이 오는데, 이때 마지막으로 태반이 몸에서 빠져 나온다.

남편은 이러한 출산 과정 동안 훌륭한 조력자이자 후원자가 되어야 한다. 산모가 원하는 시중도 들어주고, 호흡도 함께하며, 마사지도 해주어야 한다. 아내가 힘들어 하면 아내의 힘겨움을 덜어주기 위해 즐거운 이야기도 해주고, 아이를 믿고 힘내라고 용기를 북돋아야 한다. 이렇게 산모와 남편이 함께 노력하면 아이는 건강하고 튼튼하게 태어날 수 있다. 그리고 주변 환경이 어둡다면 아이는 두 눈을 뜨고 주변을 살펴보며 엄마 아빠 품에 포근히 안겨 사랑을 표현할 것이다.

당신이랑 함께 낳은 거야, 고마워

힘겨운 기다림의 시간 속에서도 아내는 두려움과 싸우며 다가올 그날을 위해 체조와 운동을 더 열심히 했고, 조산원에서 지하철역까지 매일매일 걸었다. 겉으로는 불안감을 잘 드러내지 않았지만, 속으로는 얼마나 힘들고 어려울까 싶었다. 지금 당장 병원에 연락하면 최고의 의료진이 수술을 통해 힘겨운 기다림의 고통을 말끔히 해결해 줄 수도 있다는 유혹은 참기 어려운 것이었다. 그러던 어느 날 약간의 시간 간격을 두고 계속해서 아내가 직장으로 전화를 했다. 아내는 의기소침해 있었다. 위로의 말을 해주었지만, 그리 도움이 되는 것 같지는 않았다. 그러다 갑자기 목소리가 밝아졌다. 조금 전에 아이를 낳은 산모가 찾아와서 이야기를 나누었는데, 몸무게 4.3kg에 머리가 10.3cm인 아이를 예정일 10일 지나서 3일 동안의 진통 끝에 낳았다는 것이다. 마지막엔 힘이 빠져 포기하고 수술하려고 했지만, 친정어머니의 격려에 힘을 내서 낳았다고 했다. 아내와 거의 같은 경우였다. 아내는 많은 용기를 갖게 된 듯했다.

왜 세상의 어머니들을 위대하다고 하는지 느낄 수 있는 순간이었다. 그리고 출산에서 산모의 자신감이야말로 가장 중요한 것임을 확인하는 순간이었다. 다시 용기를 다잡는 아내에게 조금이나마 힘이 되어 주어야 할 것 같았다. 그날 저녁 아내에게 용기를 주고 같이 열심히 체조를 했다. 그러나 역시 그날도 아이는 아무런 신호를 보내지 않았다. 조급함과 초조함이 없는 것은 아니었으나 참고 기다리기로 했다. 아이와 아내를 믿고 기다리기로 했다.

2001년 2월 19일 새벽 2시 45분! "이성적으로 참기에는 조금 힘들다." 아내의 입에서 나온 이 말이 본격적인 진통의 시작을 알리는 신호였다. 4kg이 넘었다는 사실을 확인하고서 불안과 초조 속에서 기다린 지 일주일 만에 드디어 진통의 순간이 다가온 것이다. 출산예정일이 다가오기 전까지 아내는 약간의 두려움 속에서 진통을 기다렸지만, 예정일이 지난 후부터는 진통을 절실하게 기다리고 있었다. 세상에 산모를 제외하고 어느 누가 자신의 몸이 아프길 기다리는 사람이 있을까?

그렇게 기다리던 진통이 시작된 것이다. 미약한 진통은 2월 18일 오후 11시부터 시작되었다. 스톱워치를 목에 걸었다. 12분 10초, 10분 17초, 다시 12분!! 진통의 간격은 10분에서 12분 사이였다. 얼굴은 물론 손과 발도 퉁퉁 부어올랐다. "이렇게 아픈데 다른 산모들은 어떻게 혼자서 아이를 낳을까"라고 하면서 아내는 나의 손을 꼭 잡았다. 진통의 간격은 점점 짧아졌고, 아내는 출산교실에서 배운 대로 '느린 호흡'에서 '빠른 흉식호흡'으로 호흡법을 바꾸었다.

하나, 둘, 셋, 넷…… 아내가 좀더 편안하게 호흡을 할 수 있도록 손을 꼭 붙잡고 숫자를 불러주었다. 조금 길어진 진통의 아픔을 덜어주기 위해서 30초, 45초, 60초 시간도 알려주었다. 곧 진통시간이 짧아지고, 강도도 더해지자 아내는 다음 단계의 호흡으로 자연스럽게 넘어갔다. 히~ 히~ 히~ 후~ 아내의 호흡이 점점 빨라졌다.

새벽 4시, 5분 간격! 새벽 5시, 4분 간격! 진통의 간격은 매우 빠르게 줄어들었고, 우리는 짐을 챙기기 시작했다. 새벽 5시 30분에 간단히 아침을 챙겨 먹었고, 아침 7시가 되자 진통의 간격은 3분대로 접어들었다. 이제 출발할 시간이었다. 기나긴 기다림의 마지막 순간이 다가온 것이다.

그런데 갑자기 진통시간이 5분을 넘기더니 7분으로 늘어났고, 10분을 넘기는 경우도 있었다. 그러다 지속적으로 4분으로 줄어들기도 하였다. 이러한 불규칙적인 진통은 날이 어둑어둑해질 때까지 계속되었다. 한 시간밖에 잠들지 못했던 우리 부부에게 졸음은 참을 수 없는 고통이었다. 진통의 고통, 언제까지 지속될지 모를 기다림, 계속 몰려드는 피곤과 졸음, 곧 만날 아이에 대한 기대감이 반복되면서 날은 어둑어둑해졌다.

오후 6시! TV에서는 대우자동차 공권력 투입소식이 흘러나오고 있었고, 우리는 드디어 출산을 위해 집을 나서기로 했다. 그러나 집을 나서는 순간 당황하지 않을 수 없었다. 대우자동차에 경찰력이 투입되고 교통이 통제되면서 골목길은 온통 차량으로 뒤덮여 있었고, 경적소리와 차량 불빛으로 동네 전체가 북새통이었다. 택시 잡을 엄두가 나지 않았다. 겨우 택시를 잡은 우리는 꽉 막힌 골목길을 힘들게 빠져나와 조산원으로 향했다.

조산원에 들어서기 바로 전 진통 간격을 재는 스톱워치는 6분 30초를 가리키고 있었다. 조산원에 발을 들여놓는 순간 진통은 3분 간격으로 줄어들었고, 자궁문은 7㎝가 열려 있었다. 자궁문이 그렇게 열리기까지 누구의 도움도 받지 않은 채 신음소리 한마디 내지 않고 고스란히 견뎌낸 아내의 의지가 감탄스러웠다. 마지막 탄생의 순간이 다가온 것이다. 41주간의 기다림을 끝내고 드디어 우리 아이를 맞이하기 위한 의식이 시작되고 있었다.

출산이 정점에 다가서면서 우리 부부는 한 몸이 되고 있었다. 수중분만대 속에서 우리는 한 몸으로 마지막 진통을 이겨내고 있었다. 아내는 그동안 연습했던 것처럼 훌륭하게 해내고 있었다. 뼈가 분리되는 고통이라고 하던데 아내는 호흡에 집중하면서 고함 한 번 지르지 않았을 뿐 아니라, 얼굴 표정도 흐트러뜨리지 않았다. 난 그런 아내의 호흡에 맞추어 구령을 붙여주었다. 아내가 견디기 힘든 순간이 오면 나는 포기하지 않도록 계속해서 용기를 북돋아주었다.

어린 시절 아내가 포근히 안겨 있던 할아버지의 품을 떠올리게 해주었고, 철들기 전에 돌아가신 어머니가 지금 이곳에 오셔서 지켜주고 있음을 알려주었다. 그리고 은햇살(아이의 태명)이 훌륭하게 해낼 수 있다는 믿음을 확신시켜 주었다. 지금까지 훌륭하게 아픔을 이겨낸 아내를 격려하면서 마지막 순간까지 정말 잘 해낼 수 있을 거라는 확신을 심어주었다.

아내는 정말 훌륭했다. 나를 의지하고 아이를 믿으며 힘겨운 고통을 이겨내고 있었다. 조산원 원장님에 대한 아내의 믿음 또한 큰 힘이 되었다. 원장님은 출산의 과정과 그때그때의 대처 요령을 세세하게 설명해주었다. 아내는 거기에 맞게 호흡을 가다듬고 힘을 주면서 마지막 만남의 순간을 향해 한발 한발 나아가고 있었다. "저절로 힘이 들어와요" 아이가 힘차게 세상을 향해 나오고 있었다. 아내는 아이를 믿고, 원장님을 의지하며, 나의 조력을 바탕으로 탄생의 순간을 이끌어내고 있었다.

아이의 머리가 보였다. 검고 숱이 많았다. 내 눈 주위에는 물과 땀, 그리고 눈물이 함께 뒤범벅이 되었다. 아내는 숨을 거칠게 내쉬며 연신 은햇살의 이름을 불렀다. 마지막 진통이 오고, 아내의 다리 사이로 물결이 크게 움직이며 한 생명이 보였다.

2001년 2월 20일 0시 8분!

41주 동안 엄마와 탯줄로 연결되어 있던 생명이 마침내 스스로의 힘으로 살기 위해 세상에 그 첫발을 내디뎠다. 아이는 울지 않았다. 엄마 품에 안겨서 쌔근거렸다. 길게 뻗은 탯줄을 자연스럽게 붙잡고 노는 여유도 부렸다. 손가락은 길어서 아빠 손가락을 살포시 붙잡을 정도였다. 우리 두 사람의 아이가 태어난 것이다.

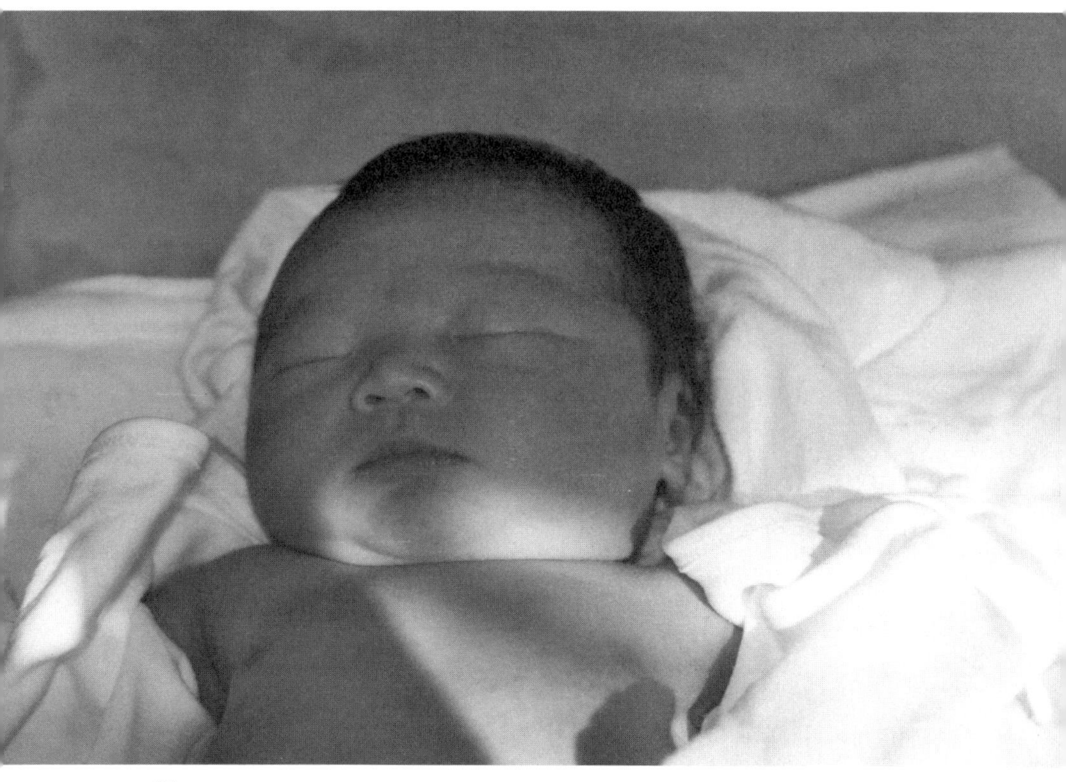

41주 동안 엄마와 탯줄로 연결되어 있던 생명이 마침내 스스로의 힘으로 살기 위해
세상에 그 첫발을 내디뎠다. 우리 두 사람의 아이가 태어난 것이다.

　수중분만은 단지 출산의 고통을 경감시키기 위한 수단만은 아니었다. 부부가 함께 새 생명을 맞이하는 귀중한 과정이었다. 폭력 없는 탄생을 맞이하기 위한 소중한 공간이었다. 산모와 남편 그리고 조력자(조산원 선생님)들이 힘을 합쳐 새 생명을 환영하는 축복의 행사였다.

　“절반은 당신이 낳은 거야. 그리고 이 순간을 영원히 잊을 수 없을 것 같아.”

　아내의 한마디에 모든 피로가 싹 날아가 버렸다. 아이는 4.44kg이었다. 조산원에서 출산한 아이 중 최고 기록(?)이라고 했다. 아내는 원장님을 비롯한 조산원 선생님들의 도움이 없었다면 불가능했을 거라고 했다. 출산준비 부부교실과 출산을 앞두고 다녔던 임산부 체조교실이 없었다면, 이렇게 듬직한 아이를 그렇게 쉽게(?) 낳을 수는 없었을 거라고 했다. 아내는 아이가 자신의 몸을 떠나 세상에 나오던 순간의 느낌을 잊을 수 없을 거라고 했다. 물 속에서 유유히 노닐던 아이를 끌어안아 올려 껴안았던 순간을 평생 기억할 거라고 했다.
　태어나자마자 아이는 엄마 품에 안겨 행복한 표정으로 젖을 먹고 있고, 아내는 그런 아이의 얼굴을 흐뭇한 표정으로 지켜보고 있었다. 나는 아이의 얼굴을 들여다보고 있는 아내를 바라보며 이렇게 속삭였다.

　“여보, 정말 고생했어, 그리고 사랑해.”

　아직도 기억에 생생한 우리의 출산 과정은 비디오로 기록되어 있다. 조산원에서 보낸 마지막 네 시간의 기록이다. 그리고 그 비디오는 조산원에서 출산을 준비하는 예비 부부들에게 교육용으로 보여주고 있다. 아내는 조산원에서 교육용으로 공개되는 것을 기꺼이 찬성했다. 비디오를 보고 많은 이들이 두려움을 거두어 내고 자신 있게 출산을 준비하는 용기를 갖게 된다는 얘기를 전해 듣고 있다. 그런 말을 들을 때면 우리가 잘못된 출산 문화와 출산에 대한 두려움을 씻어내는 데 조금이나마 보탬이 되고 있다는 생각에 가슴 뿌듯해지곤 한다.

사람들은 우리가 4.44kg의 아기를 정상분만했다는 것에 놀라곤 했다. 그때까지 조산원에서 낳은 최고 기록이기도 했다. 그러나 조산원 최고 기록은 얼마 지나지 않아 곧 갱신되었다. 그 아이가 태어날 때의 몸무게는 5.03kg이었으며, 물론 정상분만이었다.

고통스러운 출산의 기억

같은 아파트에 친하게 지내는 신혼부부가 있다. 아내 친구의 동생으로 나를 형부라 부르며 따르던 새신부는 얼마 전 임신을 했다고 했다. 아이들을 너무너무 좋아하는 신랑의 모습이 떠올랐고, 기다리던 소식이라 축하한다는 말을 건넸지만 예비 엄마의 표정은 그리 밝지만은 않았다.

"아이를 가졌다는 소식에 기뻐해야 하는데 아이를 낳는 순간의 공포를 생각하니까 끔찍한 거 있지. 그래서 전혀 반갑지가 않더라니까! 아이한테 기뻐하는 모습을 보이지 못해서 너무 미안해."

예비 엄마의 얼굴에서 임신을 했다는 즐거움, 행복한 출산에 대한 기대는 눈을 씻고 찾아보려야 찾아볼 수가 없었다. 예비 엄마가 출산에 대해 지나친 공포심을 갖게 된 데에는 아내 친구인 친언니의 출산 모습을 지켜 본 기억이 결정적인 역할을 한 것 같았다. 그녀의 언니는 제왕절개를 했는데, 수술 후 깨어날 때 어찌나 아파하던지 그 모습을 지켜보다가 울어버렸다고 한다. 흔히들 진통의 고통을 겪지 않기 위해서 수술을 한다고 하는데, 아이를 낳는 순간 아픈 것과 아이를 낳은 후 아픈 것의 차이가 있을 뿐 고통의 차이는 없다고 한다. 차라리 아이를 낳는 순간 아픈 것은 아이를 맞이한다는 마음, 아이를 위해 참아야 한다는 인내심이라도 생기지만 수술 후에 찾아오는 고통은 고스란히 산모의 몫이기에 그 고통의 모습은 정말 참을 수 없는 충격으로 다가왔던 것이다.

아내와 나는 고정관념처럼 가지고 있는 출산의 풍경, 출산의 고통이 조금만 노력한다면 축복되고 행복한 출산으로 바뀔 수 있다는 것을 설명해 주었지만, 예비 엄마가 갖고 있는 충격적인 기억을 바꾸기에는 역부족이었다. 우리가 가지고 있는 교육자료를 빌려주겠다고 약속하고, 추후에 꼭 조산원에서 출산준비 부부교실을 들어보라고 권유할 수밖에 없었다.

정도의 차이는 있겠지만, 대부분의 여성들이 가지고 있는 출산에 대한 기억은 행복이기보다 겪고 싶지 않은 끔찍한 고통의 순간이기 마련이다. 흔히 TV 드라마에서 볼 수 있는 출산의 풍경은 진통이 오면 산모는 매우 고통스러워하고 모두들 어쩔 줄 몰라 하며 곧바로 병원에 가는 것이다. 병원에 가면 남편과 가족들은 바깥에서 심각한 표정으로 기다리고 있고, 이윽고 간호사가 나와 '축하합니다'라는 인사로 탄생을 알린다. 그리고 수액(fluid)을 맞고 있는 산모의 지친 얼굴 위로 남편은 수고했다는 인사말을 건네며 아이는 창문 너머로 가족들과 대면한다. 조금 자세히 표현되는 드라마에서는 고래고래 소리를 지르며 고통을 호소하는 산모의 모습이 등장하고, 더 이상 견디기 힘들어하는 순간에 아이가 울음소리를 터트리며 태어난다. 이것이 우리가 접하는 출산에 대한 일반적인 풍경이다. 이런 모습을 보고 어떤 미혼 여성이, 예비 엄마가 아이를 낳고 싶어 할 것인가? 문제는 드라마 속의 모습보다 주변에서 지켜본 출산의 풍경이 더욱 살벌하다는 것이다. 앞서 예를 든 예비 엄마의 공포스러운 기억이 그 단적인 예이다.

고정관념처럼 가지고 있는 출산의 풍경에서 우리는 산모들의 고통스러운 모습을 쉽게 연상할 수 있다. 그러나 우리가 간과한 정말 중요한 부분이 있는데, 그것은

바로 아이의 공포이다. 제왕절개 수술을 한 어느 산모는 수술실로 들어가는데 온몸
이 부들부들 떨리며 무서웠다고 한다. 그런데 그런 엄마의 공포스러운 감정
이 아이에게 그대로 전달된다는 생각을 해본 적이 있는가? 아이는
이미 뱃속에서 엄마의 감정과 외부 환경의 영향을 고스란히 전달받으며 성장하고
있다. 이러한 점 때문에 태교를 중요하게 여기는 게 아니겠는가? 그런데 뱃속에서
편안하게 보호받으며 엄마의 사랑스런 마음만을 접하면서 10개월을 생활해 온 태
아에게 탯줄로부터 전해지는 공포스러운 감정은 정말 받아들이기 힘든 충격이 아
니었을까?

어찌 그뿐이랴? 촉진제와 마취제 같은 약물이 주는 충격, 자연스럽게 기다리지
못하고 조급한 마음에 팔꿈치로 배를 누르고 강제로 끄집어 낼 때 받는 충격, 자연
스럽게 엄마의 산도를 따라 내려가지 못하고 갑자기 칼로 배를 가르고 생전 겪어보
지 못한 환한 불빛에 노출되는 충격, 그리고 울음을 터트리게 해야 한다면서 거꾸
로 들고 엉덩이를 두드리는 폭력에 대한 충격을 생각해 본 적이 있는가? 그리고
무엇보다 10개월 동안 탯줄로 연결되어 안전하게 보호받던 느낌을 갑자기 상실한
상황에서 다급히 엄마를 찾지만 엄마와 분리되어 낯선 환경에 홀로 버려진 불안감
이 주는 충격을 생각해 본 적이 있는가? 아이는 엄마 뱃속에서 이미 모든 감각기관
이 완성되어 있고, 엄마의 감정을 고스란히 전달받으며 생활한 하나의 생명체이다.
그러한 생명체가 갖는 충격과 공포를 전혀 고려하지 않는 지금의 출산 방식은 정말
문제라 하지 않을 수 없다.

충격적인 일을 겪고 나면 성격이 불안정해지고 생활을 하는 데 많은 어려움을
겪는다. 다 큰 성인도 힘겨운데 태아는 오죽하겠는가? 10개월 동안 열심히 태교를
해서 정서적으로 안정되고 밝은 아이로 키우기 위한 밑바탕을 잘 만들어 놓았더라

도 출산시 가해진 폭력은 10개월의 노력을 수포로 만들어 버릴 수 있다. 아이를 위해서 출산은 반드시 자연스럽게, 폭력 없이 이루어져야 한다. 아이의 '인권'은 출산 과정에서도 존중되어야 한다.

행복한 출산에 대한 기억

출산의 과정을 다시는 되돌아보기 싫은 고통과 공포로 기억하는 사람들도 많지만, 오직 행복과 축복의 과정으로 기억하는 이들도 많이 늘어나고 있다. 행복한 출산을 경험한 이들의 표현 속에서 공포스러운 느낌을 찾기란 불가능하다. 이들은 우리 부부와 마찬가지로 오직 새 생명을 맞이했을 때의 아름다운 의식과 감동을 소중히 간직하고 있을 뿐이다.

"남편은 가위를 들고 탯줄을 자르며 감동에 겨워했습니다. 전 울컥 울음이 나왔습니다. 내 배 위에 바로 뉘인 아이에게 무슨 얘기를 해야 하는데 정신없던 저는 '아가야, 많이 힘들었지. 많이 힘들었지. 사랑한다'라고 말했습니다. 막 태어나면 무슨 얘기를 할지 생각해둘걸. 더 근사하고 멋진 말로 아이를 맞이했으면 좋았으련만. 조용한 분위기, 아늑한 조명에 아이는 울지도 않고 평온하게 안겼습니다. 곧이어 주위에서 '아가야, 축하해' '수고했어요'라는 축하인사가 들려왔습니다. 시어머님이 마침 들어오셨습니다. '어머니 고마워요!' 시어머니 또한 남편을 낳으시느라 이런 고생을 했을 생각을 하니 절로 고마워 눈물이 흘렀습니다."

"힘줄 때마다 신랑 목을 끌어당겼지요. 틈틈이 신랑은 제 땀을 닦아주었습니다. 그 순간순간이 너무도 고마웠습니다. 진통과 진통 사이엔 정말 거짓말같이 편안합니다. 힘주기가 끝이 나고 아이가 밀고 나오는 순간 힘을 뺐습니다. 정말 아이가 힘차게 밀고 나왔습니다. 그 터질 듯한 느낌! 그렇게 아이의 밀어붙이기 세 번에 머리가 나오고 어깨가 쑤~욱 빠졌습니다. 너무도 시원한 느낌이었지요. 엄마가 옆에서 잘했다고 제가 예쁘다고 눈물을 흘리시더라고요. 낳는 건 못 본다고 해 놓으시곤. 제 가슴 위에 놓여진 아이를 본 순간은 정말 감격이었습니다. 늘 연습한 대로 아이에게 말을 해주었습니다. 근데 너무 주절주절 두서없이 말을 해서 아이가 무척 정신이 없었을 거예요. 아빠는 그 순간에 탯줄을 잘랐지요 그때 아이가 배 위에서 눈을 동그랗게 뜨고 주변을 두리번거려서 너무도 놀라웠답니다.”

남편에 대한 고마움, 아이의 놀라운 생명력에 대한 경외, 어머니에 대한 감사, 그리고 배 위에서 아이가 보여준 신기한 모습에 대한 놀라움까지 어느 것 하나 평생 잊을 수 없는 소중한 감정이라고 여겨진다. 이렇듯 행복한 출산의 과정은 산모들에게 생명과 가족에 대한 소중함을 일깨워준다. 산모뿐만이 아니다. 남편들도 평생 잊을 수 없는 감동을 나누어 갖는다.

“왜 그렇게 눈물은 모두에게 전염될까요. 조금 늦게 도착한 어머니, 동생 내외, 사랑스런 첫째 딸 그리고 이모까지! 모두 아내가 애쓰는 모습에 눈물이 전염되어 울며, 손이라도 잡아 주고픈 마음으로 지켜보았습니다. 그 순간 우리 가족 모두는 ‘생명은 이처럼 소중한 것’이라는 마음이 들었고, 서로서로 끈끈한 가족애를 느꼈습니다. 아내가 마지막 힘을 주었고 아이는 자연스럽게 물살을 가르며 나왔습니다. 저는 아내와 아이를 감싸주느라 생각이 잘 나지 않지만 지켜보고 있던 모든 사람들이 너무 좋아하고 신기해하며 박수를 친 것 같더군요. 아이는 양막과 함께 태어났으며 드물게 있는 행운아라고 하더군요. 그럼요, 행운아지요 아빠와 엄마의 따뜻한 사랑을 느끼며 태어났고, 세상에 나오자마자 가족들이 모두 다투어 인사를 하였고, 포근한 엄마 아빠 품에 안겨 이 세상을 처음 만났는데 얼마나 행운아입니까? 아빠로서 할 수 있는 것이 이처럼 많다는 생각에 너무 뿌듯했습니다. 아이의 몸무게를 체크하기 위해 옷을 갈아입고, 거울을 보면서 속으로 '너 오늘 정말 잘했어!'라고 외쳤습니다."

"드디어 머리가 보이기 시작하고, 아이가 나오기까지는 정신이 하나도 없었습니다. 아마도 출산을 같이 해보지 못한 남자들은 결코 알 수 없는 감동과 놀라움일 것입니다. 아이를 안으며 저는 말을 잃어 버렸습니다. 미리 준비한 이야기도 모두 잊은 채 그저 '아가야, 사랑한다'는 말과 감격의 눈물뿐이었습니다. 밖으로 나와 어두운 곳에서 안고 있는데, 아이가 눈을 뜨고 저를 바라보더군요. 그 느낌을 어떻게 말로 표현할 수 있을까요? 한 생명이 태어나는 것이 이토록 힘든 일인지 예전에는 미처 몰랐습니다. 세상의 모든 사람들이 이렇게 태어났을거라 생각하니 길가에서 스치는 사람들조차 모두 소중해 보이더군요."

남자들도 출산을 경험해 봐야 한다는 어느 페미니스트의 주장이 아니더라도, 축복받은 남편들의 출산경험담을 듣다 보면 남자들이 출산의 과정을 함께할 때 지금보다 훨씬 온화하고 인간적인 사회가 될 것이라는 주장에 절로 공감이 간다. 생명을 소중히 여기는 마음, 사람을 사랑하는 마음이 사회에 충만하기를 바란다면 남편들의 출산 참여는 더욱 확산되어야 할 것이다.

수중분만에 그네분만, 르봐이에 분만 등 인간적인 출산법이 확산되고 있는 가운데 가장 주목받는 출산 방법은 아무래도 가정분만으로 보인다. 지구상에 인류가 존재한 이래 인류는 오랜 시간 동안 병원이 아닌 집에서 아이를 낳아왔다. 그만큼 자연스러운 분만이 가정분만인데, 요즘엔 물론 그렇지 못하다. 가정분만은 다른 분만과는 또 다른 감동을 전해준다.

"집에서 아이를 낳기로 했습니다. 그런데 진통 과정이 너무 힘들어 진통을 완화하기 위해 이동 풀에 물을 받고 들어가려고 했는데, 때마침 이게 무슨 일입니까? 온수가 미지근하게 나오는 것입니다. 그 바람에 남편은 잠시 쉴 틈도 없이 그 큰 이동 풀에 3분의 2정도 되는 양의 물을 일일이 찜통에 끓여서 날라야 했습니다. 찜통도 큰 게 없어서 고생이 이만저만한 게 아니었습니다. 남편의 난감해 하던 표정과 이마와 등에 엄청난 양의 땀을 쏟으며 물을 나르던 모습은 지금도 잊혀지지 않습니다. 아기 낳고 며칠 후 찾아온 형부들이 제일 먼저 한 말은 저에게가 아니라 남편에게 '수고했어! 큰일 해냈어'라는 말이었습니다. 그렇게 힘겨운 과정을 거쳐서 저는 아이를 집에서 낳았습니다. 남편과 함께 우리의 아이를 낳은 것입니다. 남편도 제가 힘줄 땐 자기도 힘주고 제가 힘을 뺄 땐 자기도 힘을 빼면서 물 속에서 거의 5시간을 함께 했습니다. 우리 두 부부의 모습은 물 먹은 솜이요, 쭈그러진 감자 같았지만 그 모습이 더없이 아름다워 보였고 서로에 대한 사랑이 더욱 깊어졌습니다. 정말 남편에게 고맙고 감사했습니다. 훗날 우리 아이에게 아빠와 함께 너를 낳았단다 하면서 밝게 웃을 저희 부부의 모습이 떠오릅니다."

세상에서 가장 편한 곳은 누가 뭐라 해도 자기 집이다. 집에서 아이를 낳는 것은 물론 조력자의 도움이 필요하겠지만, 올곧이 아내와 남편 그리고 가족들이 힘을 합쳐 출산을 해야 한다. 가족이 힘을 합치는 출산 과정, 가족 전체의 축제가 되는 출산이 가정분만이다.

"집에서 아기를 낳았습니다. 그것도 제 손으로 직접 아이를 받았습니다. 29개월 된 첫째 아들과 함께 동생의 탄생을 자축하는 글귀와 풍선 커튼 장식을 해놓고 기다렸습니다. 장모님, 처남, 누님, 첫째 아이, 조산원 원장님 그리고 저의 격려와 위로 속에서 아내는 경산임에도 불구하고 일곱 시간에 걸쳐 진통을 겪었습니다. 가족들의 초조함과 설렘 속에 드디어 기다리던 아이의 머리가 보이기 시작했습니다. 저는 위생장갑을 끼고, 아이의 머리를 받치고 기다렸습니다. 아이의 머리가 나오자 머리를 살짝 오른쪽으로 돌렸고 곧 왼쪽 어깨가 나오고 다시 머리를 위로 올려주자 오른쪽 어깨와 더불어 완전히 나오더군요.

아이를 받아 아내의 가슴에 안겨주고 나니 아빠인 내가 두 손으로 내 아이를 세상으로 인도했다는 기쁨과 벅찬 감격에 천지가 개벽하는 듯한 전율을 온몸으로 느낄 수 있었습니다. 무어라 말과 글로는 표현이 안 됩니다. 마치 제가 아이를 낳은 것 같았습니다. 아이를 받을 때는 차분했으나 오히려 탯줄을 자를 때 많이 떨리더군요 첫째 아이의 응원도 대단했습니다. '엄마 안 아프게 빨리 나와라!' 이렇게 가족들의 축복 속에 우리 아이는 태어났습니다."

병원과 산후조리원 선택하기

사실 요즘 조산원을 접하기란 쉽지 않다. 예전에 어느 곳에나 있던 조산원은 현재 산부인과와 산후조리원에 그 역할을 빼앗긴 채 거의 찾아 볼 수 없는 상황이다. 병원에서 아이를 낳고 산후조리원에서 몸조리하는 것이 요즘의 출산 풍경이다. 물론 이러한 출산 풍경 자체가 문제는 아닐 것이다. 문제는 산모와 아이보다는 병원과 산후조리원 자체의 논리에 따라 운영된다는 점이다.

다 그렇지는 않겠지만, 많은 병원에서는 출산시 산모와 가족들의 의견보다 의사의 판단과 지시가 더 중요하다. 물론 위급한 상황에 대비하기 위한 측면에서 보면 당연하지만, 그렇지 않은 경우가 더 많다는 게 문제다. 한 후배는 병원에서 아이를 낳는데 진통시작 후 아홉 시간 동안 계속해서 누워 있으라고만 해서 정말로 죽을 것 같았다는 경험담을 들려주었다. 후배는 결국 자연분만을 하지 못하고 수술을 했다. 다시는 아이를 낳고 싶지 않다던 후배는 너무 빨리 둘째를 임신하는 바람에 자연분만을 시도해 보지도 못하고, 이번엔 아예 날짜를 선택해서 수술을 했다. 이러한 경우뿐 아니라 사소한 부분에서조차 많은 병원들이 산모와 가족의 의견에 귀기울이지 않는 경향이 강하다. 분만시 주변 환경이 조금 어둡고, 아빠가 참여했으면 좋겠고, 엄마가 자연스럽게 자세를 바꿨으면 좋겠다는 일반적인 요구조차 무시하는 병원이 많은 게 엄연한 현실이다. 첫째를 병원에서 낳고 그에 실망해 둘째를 가정분만으로 낳은 어느 아빠의 경험담이 보여주듯이 지금의 병원 출산은 축복이 아닌 기계적인 과정일 뿐이다.

"첫째 아이를 병원에서 낳았습니다. 첫 출산에 대한 두려움으로 막연히 큰 병원이 좋을 것이라고 생각해 종합병원을 선택했습니다. 그러나 가족과 격리된 채 아내 혼자 밤새 10시간을 떨면서 고통을 참아야 했습니다. 고통을 호소하면 당직 간호사로부터 조용히 하라는 꾸지람을 들었고, 대기실의 좁은 침대에서 진통을 겪었으며, 아이가 나올 때쯤 도살장 같은 분만대에 묶인 후 눈을 비비며 나타난 당직의사가 바로 회음부를 절개해 버리고 나서 첫애를 낳았다는 아내의 말을 듣고 아이 탄생의 기쁨보다 억울함과 분노가 치밀어 올랐습니다. 병원 출산 문화에 대한 회의가 일었습니다. 분명 아이의 탄생은 집안의 가장 큰 즐거움이며 경사임에도 불구하고, 이에 아랑곳없이 병원 의료진에 의해 기계적으로 출산이 이루어지는 것은 바람직하지 못한 행위라고 느꼈습니다."

우리가 출산했던 조산원에서는 철저하게 산모와 가족이 주체이다. 조산사는 단지 조력자의 위치일 뿐이다. 물론 긴급한 상황이 발생하지 않도록 사전에 충분히 준비를 하고 만일의 사태에 대비한다. 출산이 위험하다고 판단되는 산모에게는 미리 큰 병원을 권유한다. 출산 방법에서 산모의 자세, 주변 환경에 이르기까지 모든 판단은 오직 산모와 가족들의 몫이다. 조산사는 산모와 가족이 적절한 판단을 할 수 있도록 필요한 정보와 도움을 줄 뿐이다. 이러한 조산원의 운영방식은 대부분의 산모가 출산의 과정을 충분히 이겨낼 수 있는 능력을 가졌다고 믿기 때문에 가능한 것이다.

당장 조산원과 같은 방식으로 모든 병원이 운영되기는 어렵겠지만, 출산시 산모와 가족들의 의견을 존중하고 자연스러운 분만을 지향하는 것은 그리 어렵지 않다고 생각한다. 산모와 남편도 출산 장소를 선택하면서 믿음을 가질 수 있는 곳, 산모와 남편의 의견을 충분히 듣고 이를 존중해 주는 곳, 출산시 조급하게 촉진제를 사용하거나 수술을 권하지 않고 산모가 겪는 진통의 시간을 충분히 기다려 줄 수 있는 곳을 찾아야 한다. 또한 출산 후 모자동실(엄마와 아이가 한 방에서 같이 지내는 곳)이 보장되는지도 중요한 선택의 기준이 될 수 있다. 모자동실은 모유수유를 위해서도 필요하지만, 아이의 위생과 건강을 위해서도 필요하다. 여러 아이가 함께 있는 신생아실은 언뜻 보면 아주 위생적으로 보이지만, 서로 다른 이질적인 균을 가진 아이들이 함께 있으므로 그만큼 감염의 위험이 높다는 사실을 알아야 한다. 이러한 이유로 출산 선진국일수록 모자동실을 보장해 주고 있다.

산후조리원은 산모들이 아이를 낳은 후 몸조리를 하기 위해 들어가는 곳이다. 산후조리원에 들어가는 대다수 엄마들은 아이 낳느라 고생했으므로 푹 쉬어야겠다는 생각을 한다. 흔히들 산후조리원 광고에 등장하는 '왕비' 같은 대접을 원하는 것이다. 이러한 이유로 대다수 산후조리원은 모자동실을 하지 않는다. 가장 보호받아야 하고 엄마의 손길이 필요한 아기를 엄마 품에서 떼어놓고 엄마는 '왕비' 대접을 받고 있다. 아기와 떨어진 엄마들에게 제공되는 산후조리원의 서비스는 피부 마사지와 몸의 회복을 돕는 영양식이나 보약들이다. 마사지 교실에서는 마사지뿐 아니라 이를 계기로 피부관리에 필요한 제품을 팔기도 한다. 아기와 떨어진 엄마가 모유수유를 원할 경우 엄마의 젖을 짜서 젖병에 담아 아이에게 먹이는 경우도 있다고 한다. 물론 모든 산후조리원이 이와 같지는 않겠지만, 산후조리원의 전반적인 경향은 여기서 크게 벗어나지 않는다고 여겨진다.

우리가 지냈던 조산원에서는 산모들에게 출산 후 쉬겠다는 생각을 절대 용납하지 않았다. 조산원에서 지냈던 산후조리 기간은 철저하게 아이 키우는 훈련의 시간이었으며, 특히 모유수유를 하기 위한 시간이었다. 따라서 당연히 엄마는 아이와 함께 같은 방에서 24시간 떨어지지 않고 지냈다. 거기다 아빠까지 함께 생활할 수 있었다. 조산원이 제공한 최고의 산후조리 서비스는 마사지나 보약이 아니라 초기 모유수유를 철저하게 지원해 주는 것이었다. 젖 먹이는 자세에서 수유시 필요한 정보는 물론 젖몸살까지 철저하게 관리해 주었다. 모유수유와 더불어 천 기저귀 사용법도 상세하게 교육받았다. 이뿐 아니라 아이를 키우며 필요한 각종 정보도 공유하고, 앞서 아이를 낳은 엄마들의 경험담도 들을 수 있었다. 조산원을 거쳐 간 거의 대부분의 엄마들이 모유수유를 하고, 천 기저귀를 사용하는 이유는 우리처럼 이러한 훈련의 과정을 거쳤기 때문이다.

많은 산모들은 친정보다 오히려 산후조리원에서 지내길 원한다. 이는 일정한 비용만 지불하면 산후조리에 필요한 모든 것을 제공해 주고, 전혀 부담감 없이 마음 편하게 쉴 수 있기 때문이다. 그러나 이렇게 편하게 지내는 것은 그 당시에는 좋을지 몰라도 자신이 직접 아이를 돌봐야 하는 시간이 오면 부담감만 가중시킨다. 전혀 훈련이 되어 있지 않기 때문이다. 임신과 출산으로 지친 몸을 회복하기 위한 목적으로만 산후조리를 생각해서는 안 된다. 정상적인 몸으로 회복하기 위한 휴식 못지않게 '육아 훈련' 또한 산후조리의 중요한 목적이다.

아이 돌보는 일 외에는 모든 신경을 끄고 경험자와 전문가들의 도움을 받아 아이 돌보는 일이 익숙해지도록 훈련을 받는 기간이 산후 조리기간이다. 산후조리원은 아이 키우는 훈련소의 역할을 해야 하며, 산후조리원을 선택할 때에는 그러한 점에 주의를 기울여 선택해야 한다. 따라서 모자동실과 모유수유를 보장해 주고, 육아와 관련한 다양하고 정확한 정보 제공 등의 도움을 주는 산후조리원을 선택해야 한다.

출산의 주체는 엄마와 아기!

현 출산 문화의 잘못된 점을 지적할 때 가장 많이 거론되는 것이 40%가 넘는 세계 최고의 제왕절개율이다. 85년 6%에 불과하던 제왕절개율은 90년에 13.3%로 늘더니 95년 21.3%, 98년 36.1%, 99년에 43%를 기록, 15년 사이에 7배나 늘어났다. 이러한 제왕절개율은 세계보건기구(WHO) 권고율인 10%보다 훨씬 높을 뿐 아니라 비교적 제왕절개율이 높은 미국(20%)의 두 배가 넘는 비율이다.

흔히들 제왕절개를 하면 더 안전하고 출산시 고통도 없다고 알고 있다. 그러나 제왕절개를 하게 되면 정상분만에 비해 합병증 발생 가능성이 5~10배나 높고, 분만사망률도 4배나 높다고 한다. 제왕절개는 산모의 회복과 모유수유를 가로막는 폐해 외에도 수술로 인한 장기 감염, 자연분만보다 평균 2배 많은 과다출혈, 배변 기능약화, 마취 후 호흡곤란 등으로 인한 폐렴 유발 가능성 등 산모의 건강에 심각한 문제를 일으킬 수 있다. 태아에게는 조산 가능성이 높고 호흡곤란증을 유발하며 자궁 절개시 태아 손상 등을 가져올 수 있다. 제왕절개로 인한 경제적 손실도 막대하다. 국민건강보험공단은 제왕절개율을 미국 수준인 20% 수준으로 낮춘다면 의료비 1,218억 원 절감, WHO권고 수준인 10%대로 낮추면 1,748억 원을 절약할 수 있다며 제왕절개 분만으로 인한 급여비 증가가 건강보험 재정을 더 어렵게 하고 있다고 밝혔다.

이렇듯 제왕절개율이 높은 데에는 잘못된 의학지식과 돈벌이에 급급한 의료기관의 비도덕성, 좋은 사주를 받아야 한다는 미신적 사고방식 등이 문제로 지적된다.

그 중 가장 근본적인 원인은 의료기관의 상업주의이다. 자연분만에 비해 훨씬 높은 의료비는 병원으로 하여금 금전적 이익을 위해 제왕절개율을 높이도록 만든다. 의대교육 과정도 문제다. 산부인과 전문의조차 자연분만을 어떻게 하는지 제대로 모르는 경우가 허다하다고 한다. 사회적으로 잘못 전해진 의학지식도 주요한 원인으로 지적된다. 제왕절개가 자연분만보다 안전하고, 출산 후 부부관계에 좋으며, 살이 찌지 않는다는 인식이 있으나 이는 전혀 근거가 없는 것이다. 의료계에서는 분만사고가 생기면 대부분 의사에게 책임을 지우는 풍토 또한 문제라고 제기한다. 한 번 발생하면 수억 원을 호가하는 보상비용에 대한 두려움으로 인해 조금만 분만과정이 어려우면 곧바로 수술을 한다는 것이다.

세계 최고 수준의 제왕절개율을 낮추기 위해서는 먼저 정부차원의 제도적인 개선이 이루어져야 한다. 미국의 경우 선진국 중 가장 높은 제왕절개율을 낮추기 위해 국가적인 차원에서 노력한 결과 우리나라의 제왕절개율이 기하급수적으로 증가하는 동안 오히려 제왕절개율을 낮출 수 있었다고 한다. 제왕절개 수술에 대한 구체적인 임상가이드라인을 설정하고 객관적인 기구를 구성해 이에 대해 평가하고, 분만과 관련한 의료분쟁을 공정하게 해결할 수 있도록 해야 한다. 그러나 무엇보다 사회 전반적인 출산 문화 개혁이 이루어져야 한다. 그 첫 출발은 제왕절개가 태아에게는 물론 산모에게도 결코 좋은 출산 방법이 아니라는 인식, 제왕절개는 신중하게 선택할 최후의 의학적 수단이라는 인식이 확산되어야 할 것이다. 이와 더불어 출산 과정에 대한 정확한 이해가 이루어져야 한다. 이런 점에서 자연분만에 대한 대대적인 교육을 실시하는 것과 더불어 TV 등 언론매체의 올바른 역할이 절실하다. 특히 TV 드라마 등에서 보여주는 그릇된 출산 풍경은 시급히 바로잡혀야 한다.

철저하게 아기와 엄마를 공포와 충격 속에 가두어 두는 현재의 출산 방식은 바뀌어야 한다. 출산의 주체는 아기와 엄마이다. 아기가 생명의 힘으로 스스로 길을 열고 나올 때 엄마는 아기에 대한 사랑과 믿음으로 진통을 이겨내며 아기를 기다리는 과정이 바로 출산이다. 이 과정에서 의료진은 조력자에 불과하다. 그런데 조력자가 주인의 지위를 차지했고, 주인은 대상물로 전락해버렸다. 현재의 출산 문화는 아기와 산모가 주체가 되는 출산으로 바뀌어야 한다. 출산에 이르기까지 겪어야 하는 긴 진통의 시간 동안 늘 남편에게 격려와 응원을 받을 수 있는 출산이어야 한다. 촉진제, 마취제와 같은 약물이나 인위적인 개입 없이 오직 아기가 가진 생명의 힘과 인체의 신비만으로 평안히 태어나는 출산이어야 한다. 어둠 속에 있던 아기가 처음 보는 세상의 빛은 강렬한 태양과 같은 빛이 아니라 은은하고 따뜻한 빛이어야 하며, 자궁 속에 있던 아기를 처음 맞이하는 손은 사랑하는 아빠의 손이어야 한다. 그리고 무엇보다 갓 태어난 아기가 처음 하는 일은 포근한 엄마 품에서 엄마의 심장소리를 들으며 엄마 젖을 빠는 일이어야 한다.

요즘 수중분만, 그네분만 등 다양한 분만 형태를 비롯해서 가정에서 하는 가정분만까지 많은 분만 방식이 새롭게 도입되고 있다. 특히 수중분만의 경우 TV 다큐멘터리에서 다루어진 이후, 출산의 고통을 줄이고 태아의 스트레스를 최소화한다는 이유로 많이 확산되기도 하였다. 그러나 수중분만이든 가정분만이든 그 형태는 중요하지 않다. 출산 문화가 바뀌어야 할 핵심적인 방향은 누가 주인이며, 누구를 위해 출산이 이루어지는가 하는 점에 있다. 아기를 위한 출산, 엄마를 위한 출산, 생명에 대한 귀중함과 탄생의 기쁨을 함께 느끼는 출산, 이를 통해 가족 간의 소중한 사랑을 확인하는 출산이어야 한다. 행복한 출산을 원하는가? 아내와 아이에게 오직 평화롭고 행복한 출산을 선물하는 아빠가 되고 싶은가? 그렇다면 신념을 가지고, 할 수 있다는 믿음을 가지고 노력하라! 주변에 그럴 만한 병원이나 시설이 없다는 걱정은 안 해도 된다. 세상에서 가장 안락하고 평화롭고 행복한 장소인 자신의 집이 있지 않은가? 방법은 찾으면 있다. 당신에게 필요한 것은 임신과 출산에 대한 정확한 정보와 행복한 출산이 가능하다는 확고한 신념일 뿐이다. 열 달 동안 아이와 함께 보낸 엄마의 몸은 출산의 시간이 다가오면 아기를 낳을 충분한 능력을 갖고 있다는 믿음, 당신의 아기는 스스로의 힘으로 세상에 나올 능력을 가지고 있다는 확고한 믿음만이 필요할 뿐이다.

약속 1

행복한 출산, 폭력 없는 출산을 위해 남편이 지켜야 할 열 가지

지금까지 내가 아내에게 해준 최고의 선물은 '행복한 출산'이라고 자신 있게 말할 수 있다. 출산을 끔찍한 고통의 기억으로 남겨줄 것인지, 아니면 다시는 맛볼 수 없는 행복한 기억으로 남겨줄 것인지는 많은 부분 남편의 어깨에 달려 있다. 그러나 제왕절개율이 50%에 육박하고 대부분의 병원이 남편의 참여를 원천적으로 봉쇄하는 상황에서 아내에게 행복한 출산을 선물하는 것은 쉬운 일이 아니다. 그러기에 임신 기간부터 차근차근 준비가 필요하며, 남편의 적극적인 노력이 필요한 것이다. 다음에 소개하는 열 가지를 지킨다면 당신은 '아내에게는 행복한 출산, 아이에게는 폭력 없는 출산'을 선물할 수 있을 것이다.

① 아내와 함께 출산준비 부부교실을 찾아간다.

많은 산모들이 출산준비 교실의 강의를 듣는다. 그러나 출산준비 교실은 출산과 육아에 대해서 잘 알지 못하는 예비 아빠들에게 더욱 필요하다. 출산준비 교실을 통해 출산과 육아에 대한 정확한 정보를 알아야만 출산과 육아의 과정에 원만하게 참여할 수 있고, 아내와 아이에게 사랑받는 아빠가 될 수 있다. 출산준비 교실은 부부가 함께 들어야 한다.

② 출산 과정에 관해 아내와 함께 공부한다.

출산에 대해 맨 처음 갖는 생각은 진통에 대한 공포이다. 그런데 출산시 순수한 진통의 시간을 모두 합산하면 약 한 시간에서 두 시간 정도이고, 두 시간은 상당한 난산에 속한다는 사실을 알고 있는가? 우리 부부는 이 말을 듣고 힘들기는 하겠지만, 함께하면 충분히 견뎌낼 수 있다는 자신이 생겼었다. 행복한 출산을 위해서는 출산에 대한 공포심을 걷어내고 출산 과정에 대한 정확한 이해를 바탕으로 자신감을 가져야 한다. 남편도 출산 과정에 대해 정확히 알아야 한다. 그래야 상황에 맞게 아내를 효과적으로 도울 수 있으며, 아내가 힘들 때 가장 큰 조력자가 될 수 있다.

③ 출산시 도움이 되는 호흡법을 배워서 함께 연습한다.

출산시에 호흡은 매우 중요하다. 그런데 호흡법은 아주 익숙해지지 않으면 출산시 적절하게 하는 것이 어렵다. 따라서 평소에 충분한 훈련이 되어 있어야 한다. 남편 또한 호흡법을 잘 알고 있어야 아내를 도와줄 수 있다.

④ 아내와 함께 매일 30분 이상 임산부 체조를 한다.

운동량이 적은 현대 여성들에게 난산이 많은데, 임산부 체조를 충분히 할 경우 몸이 유연해져 출산시 많은 도움이 된다. 퇴근 후 잠자리에 들기 전에 아내와 함께 임산부 체조를 한다면 출산에도 도움이 되고, 부부간의 정도 돈독해지는 일석이조의 효과를 볼 수 있을 것이다.

⑤ 행복한 출산, 폭력 없는 출산을 할 수 있는 곳을 찾는다.

요즘엔 폭력 없는 출산이 가능한 곳이 많이 늘었다. 남편의 참여를 보장해 주고 산모의 요구를 우선하는 곳, 산모와 아이를 출산의 주체로 인정하고 보장해 주는 곳을 찾아야 한다. 병원도 좋고 우리 부부처럼 조산원을 알아보는 것도 좋다. 세상에서 가장 안락한 자신의 집에서 출산하는 것도 좋은 방법이 될 수 있다.

⑥ 주위의 불필요한 간섭을 막는다.

출산이 가까워지고 남과 다른 방법으로 출산을 한다고 하면 주변의 간섭이 부쩍 많아진다. 그러한 간섭을 철저히 차단하는 것은 남편의 몫이다. 불필요한 간섭을 하는 대상에는 의료진도 포함된다.

⑦ 아내가 진통을 시작하면 스톱워치를 목에 걸고 진통을 돕는다.

진통은 혼자 겪기에는 너무도 힘겨운 과정이다. 진통시간을 알려주는 것, 호흡을 도와주는 것, 물 한 잔 떠다주는 것 등 남편으로서 할 수 있는 최선을 다해야 한다. 임산부가 믿고 의지할 수 있는 사람은 오직 남편뿐임을 명심해야 한다.

⑧ 마지막 출산의 순간까지 반드시 아내와 함께한다.

출산의 순간을 경험한다는 것은 사람으로 태어나 가장 감동적인 순간을 경험하는 것이다. 어떠한 간섭과 어려움이 있더라도 반드시 그 순간을 경험해 보라! 아마 평생 당신의 뇌리에서 잊혀지지 않는 감동으로 남을 것이다.

⑨ 아이의 탯줄을 자른다.

엄마와 탯줄로 연결되어 있던 생명이 스스로의 힘으로 살기 위해 세상에 그 첫발을 내딛는 순간, 탯줄을 끊는다는 것은 이제 독립적인 존재로 살아가야 한다는 하나의 의식이다. 탯줄을 자르는 순간 당신은 아빠가 되는 것이다. 그런데 탯줄을 자를 때는 출생 후 바로 자르지 않고 약 5분 정도 기다렸다가 자르는 것이 좋다. 아이는 엄마 뱃속에서 탯줄을 통해 호흡을 하고 영양을 공급받지만, 출생 후부터는 폐호흡을 한다. 따라서 폐호흡에 충분히 적응한 후에 탯줄을 자르는 것이 아이의 정서나 건강에 좋다.

⑩ 막 태어난 아이에게 아빠의 마음을 들려준다.

아이가 태어나고 산모의 몸에서 태반이 나오기 전까지 원한다면 당신은 아이와 단 둘이 있을 수 있다. 바로 그 시간에 아이에게 아빠의 마음을 들려주라. 그래, 내가 바로 네 아빠란다!

엄마를 위한 모유수유,
아이를 위한 모유수유

출산보다 어려운 모유수유

백일이 되기 얼마 전이었던 걸로 기억한다. 아이가 아파서 병원에 간 적이 있었다. 아이를 맡기던 어린이집에서 봄 소풍을 다녀와서는 덜컥 열이 오른 것이다. 아마도 봄바람이 감기 기운을 불러온 모양이었다. 의사가 어떤 걸 먹이냐고 물었다. 아내는 당당하게 대답했다.

"모유를 먹입니다."

진료를 보던 의사 선생님은 열보다는 가래소리에 더 주의하고, 혹시 먹는 양이 줄고 대변이 좋지 않으면 모유를 줄이고, 분유를 먹이라고 했다. 우리는 아무 말도 하지 않았다. 두 사람 다 의사 선생님이 우려한 상황이 온다고 할지라도 그 지침을 따를 생각은 전혀 없었다.

나중에 아내는 의사 선생님의 말에 일리가 없는 것은 아니라고 했지만, 그래도 모유 대신 분유를 먹일 생각은 없다고 했다. 아무리 잘 만들어진 분유라도 결코 모유를 따라올 수 없다는 걸 너무도 잘 알고 있었기에 우리에게 분유는 어떤 상황에서도 선택의 대상이 될 수 없었다. 모유는 자연이 인류에게 내린 최고의 음식이다. 그래서 아이를 키우는 데 있어 최고의 원칙은 모유수유라고 믿는다. 모유수유는 부모가 아이에게 해줄 수 있는 최고의 선물이요 정성이라는 우리의 믿음은 어떤 상황에서도 변치 않았다.

아이는 태어나자마자 엄마 젖을 물었다. 아주 편안하고 안정된 표정으로 엄마 젖을 빨았다. 아니 빨았다기보다 엄마와 떨어지지 않으려고 꼭 붙어 있었다는 표현이 더 맞는 것 같다.

아내가 직장생활을 했던 관계로 낮에는 젖을 짜서 먹여야 했는데, 짜내기에는 부족한 모유 양으로 인해 많은 어려움을 겪었다. 아이의 주식이 모유에서 이유식으로 옮겨가는 십여 개월의 시간은 정말 지독한 시련의 연속이었다. 우리뿐 아니라 모유수유를 하는 많은 이들이 겪은 고통을 들어보면 모유수유가 얼마나 어려운지 가히 짐작이 된다. 젖이 너무 많이 불어서 24시간 내내 아빠가 옆에 붙어 젖몸살을 풀어주었다는 부부, 함몰 유두로 인해 유두에 피딱지가 생기는 고통을 한 달 동안 참아내며 결국 모유수유에 성공한 엄마, 2kg에 불과한 미숙아를 인큐베이터 속에 둘 수 없다며 집으로 데리고 간 후 모유만 먹여서 건강한 아이로 만든 엄마, 이들이 모유수유를 고집한 이유는 단 하나, 부모가 아이에게 줄 수 있는 최고의 선물이 모유라고 믿었기 때문일 것이다.

그러나 앞서 얘기했던 병원의 예처럼 모유수유 환경이 그리 좋지 못한 것이 우리 사회의 엄연한 현실이다. 젖을 짜서 먹이는 동안 찾아오는 육체적 피곤과 고통은 아내의 말을 빌자면 '아이를 위한다는 마음으로 참을 만한 것'이라고 한다. 그러나 모유수유 기간 내내 숱한 편견과 싸우고, 그만 하라는 주변의 만류를 이겨내는 것이 직장생활을 하는 아내에겐 아주 심한 스트레스가 되었던 것 같다. 용기를 북돋아주거나 부러워하는 이들도 있었지만, 모유를 먹인 지 6개월이 지난 뒤부터는 유난 떨지 말고 이제 그만 하라고 권유하는 이들이 많았다고 한다. 모유에 대한 잘못된 인식에 근거한 간섭과 충고는 아내뿐 아니라 모유수유를 하는 많은 이들에게서 흔히 들을 수 있는 경험담이다. 온통 분유로 넘쳐나는 세상에서, 모유만으로 키우면 무언가 부족할 것 같은 인식을 심어주는 광고와 병원의 공세가 넘쳐나는 세상에서 신념을 지키며 아이에게 모유만 먹인다는 것은 어지간한 고집이 아니면 힘겨운 일이다. 특히 웃어른이나 직장 상사, 의료진이 모유를 끊을 것을 권유할 경우, 이는 모유수유 중단의 직접적 원인이 되곤 한다. 우리 사회의 모유수유 환경은 열악하다 못해 적대적이라고 할 만한 분위기이다.

모든 분유회사는 분유를 모유처럼 만들기 위해 연구·개발하고 자본을 투자한다. 또한 엄청난 광고로 사회분위기를 몰고 간다. 난 그들에게 정말 건강한 사회를 만들고 싶다면 분유를 위해 쏟아 붓는 돈과 노력을 모유수유의 장점을 설파하고, 모유수유를 보장하는 환경을 조성하는 데 쓰라고 얘기해 주고 싶다. 모유수유율이 낮아지면 범죄율이 올라간다는 건 이미 서구의 역사에서 확인된 바 있다. 육체적으로 건강한 사회뿐 아니라 정신적으로 건강한 사회를 만들기 위해서 모유수유는 반드시 보장되어야 한다고 난 믿는다.

출산보다 어려운 게 모유수유라는 말이 있다. 많은 이들이 모유를 먹이고 싶어하지만, 주변의 상황과 모유수유의 어려움 때문에 포기하곤 한다. 우리 또한 너무도 힘든 상황으로 인해 모유 먹이는 걸 포기할 뻔한 적도 있었다. 그러나 아이에게 모유 이외의 것은 절대 먹이지 않겠다는 약속을 지키기 위해 노력한 결과 아이는 두 돌이 되도록 모유를 먹고 있다. 모유수유의 힘겨운 산을 다 넘은 지금 우리는 불가항력적인 경우를 제외하고, 노력만 한다면 모유수유는 반드시 성공할 수 있다는 확신을 갖게 되었다.

젖은 얼려서 보관하면 됩니다

아내가 임신을 한 후 육아에 대해 막연한 인식만을 갖고 있을 때부터 우리는 모유수유를 해야 한다는 것에는 의견이 일치했었다. 다만 직장생활과 출산휴가기간 60일(현재는 90일)을 고려하여 두 달 정도만 하다가 그만둘 생각이었다. 아내가 직장생활을 계속하면서 모유수유를 지속한다는 것은 당시에는 상상도 할 수 없는 일이었기 때문이다.

막연히 모유수유를 하겠다고 생각만 하고 있던 우리 부부는 조산원에서 하는 부부교실에 참여한 이후 모유수유에 대한 확고한 신념을 갖게 되었다. 아이가 아프면 면역성분이 자동으로 생성되어 나오기까지 한다는 모유의 장점을 알게 되었고, 그동안 모유에 대해 잘못 알고 있던 사실들을 확인하면서 우리의 선택은 더욱 뚜렷해졌다. 그러나 문제는 직장생활이었다. 방법이 없겠냐고 강의하시는 분께 물었다.

"모유는 냉동하면 두 달, 극저온에서 보관하면 육 개월까지 보관이 가능합니다."

귀가 번쩍 뜨였다. 직장생활을 하면 모유수유가 불가능할 줄 알고 있던 우리에게 그 말은 한 줄기 빛과 같았다. 그 말을 듣고 아내는 최소한 육 개월까지는 모유수유를 하겠다는 의사를 밝혔다.

아이는 태어나자마자 엄마 젖을 물었다. 아주 편안하고 안정된 표정으로 엄마 젖을 빨았다. 아니 빨았다기보다 엄마와 떨어지지 않으려고 꼭 붙어 있었다는 표현이 더 맞는 것 같다. 태어나서 엄마 젖을 바로 물면, 그동안 탯줄을 통해 엄마와 연결되어 있다가 갑자기 분리되면서 느끼는 불안감이 상당 부분 해소된다고 한다. 물론 젖이 빨리 불어나게 하기 위해서도 젖을 곧바로 물리는 것이 좋다고 한다. 어떤 이들은 이틀 정도 아이를 단식시키는 게 좋다고 하는데 이는 아이에게 엄마와 떨어져 있다는 불안감을 증폭시키고, 무엇보다 모유를 빨리 나오게 하는 데 좋지 않은 영향을 미칠 수 있다. 모유를 잘 나오게 하는 데는 아이가 젖을 빠는 것 외에는 방법이 없기 때문이다.

아내는 조산원에서 아이를 낳고 산후조리 또한 조산원에서 했다. 조산원에서 산후조리를 했던 여러 가지 이유 중에 가장 주된 이유는 모유수유에 성공하기 위해서였다. 조산원의 방침은 철저하게 모유수유였고, 모유수유에 성공할 수 있도록 모든 노력을 다해주고 있었기 때문이다. 그러나 모유수유는 출발부터 순탄하지 못했다. 덩치가 커서인지 아이는 요구하는 양이 많았는데, 엄마 젖이 빨리 불어나지 않아서 힘들어했다. 밤새 잠을 못 자고 칭얼댔다. 오른쪽 젖을 물렸다가 칭얼대면 왼쪽 젖을 물리고, 다시 오른쪽 젖을 물리길 끝없이 반복하다보면 어느새 새벽녘이 되었고 그때서야 아이는 겨우 잠들곤 했다. 불면의 날이 사흘 정도 계속되자 우리는 수면 부족으로 신경이 날카로워졌고 몸은 지쳐갔으며, 이러다 모유수유를 실패하면 어쩌나 하는 우려마저 들었다.

주변에서 모유수유를 시도하다가 초반에 실패한 경우를 많이 보았는데 그러한 우려가 우리에게도 닥쳤다. 사실 초반 모유수유의 대표적인 어려움은 우리처럼 모유가 빨리 불어나지 않아 생기는 어려움이다. 아이는 칭얼대며 계속해서 젖을 빨려 하고, 엄마는 잠도 제대로 자지 못하고 밤새 시달리는 힘겨움을 이겨내기란 쉽지 않은 일이다. 반드시 모유수유를 하겠다는 신념과 의지가 중요한 순간이었다.

우리가 젖 부족으로 고생할 때 조산원에 함께 있던 날쌘돌이(함께 있던 아이의 별명) 엄마는 젖이 너무 많이 불어서 젖몸살로 고생하고 있었다. 빈익빈 부익부였다. 날쌘돌이는 양쪽 젖은 물론 한쪽 젖도 제대로 빨아먹지 못하고 있었다. 쌍둥이가 먹어도 될 만한 젖이라고 했다. 그때 조산원 원장님이 우리 아이를 데리고 가더니 날쌘돌이 엄마의 젖을 빨게 하였다. 아이는 기다렸다는 듯이 젖을 빨았다. 그리고 그때까지 잘 빨지 않고 있던 날쌘돌이도 젖을 빼앗길 수 없다는 듯이 있는 힘껏 빨아먹었다. 아마도 본능적인 경쟁심이나 자기생존 욕구가 발동되었나보다.

두 아이가 함께 양쪽으로 안겨서 젖을 빠는 모습은 정말 신기했다. 두 아이 모두 땀을 뻘뻘 흘리며 젖을 빨았고, 그것을 지켜보던 이들은 모두 웃으며 두 아이의 젖 빠는 양을 지켜보았다. 그것이 첫 번째 동냥젖이었다. 그 후로도 몇 번 날쌘돌이 엄마의 젖을 빤 덕분에 아이는 밤중에 칭얼대지 않고 깊이 잠들 수 있었다. 그렇게 젖을 빨린 덕분에 젖 부족으로 고생하는 아이를 달래주는 효과뿐 아니라 날쌘돌이 엄마의 젖몸살을 해소하는 데도 효과 만점이었다.

그러던 중 아내의 젖이 갑자기 불어나기 시작했다. 정말 짧은 순간이었다. 아주 잠깐 사이에 열이 38도, 39도를 넘더니 가슴이 돌덩어리가 되었다. 젖몸살의 시작이었다. 애타게 기다리던 순간이기도 했다. 그러나 아이 낳기보다 힘든 것이 젖몸살이었다. 그 힘든 출산 과정 중에 단 한 번도 큰 소리 내지 않고 우아한 표정을 잃지 않던 아내의 입에서 수없이 비명소리가 새어 나왔다. 출산 때는 그나마 내가 도와주고 힘이라도 될 수 있었지만, 젖몸살은 제대로 도와줄 수도 없었다. 도와준다며 내가 젖을 짜보기도 했지만, 아내의 비명소리에 곧 손을 떼어야만 했다. 조산원 선생님들이 양쪽에 붙어서 젖을 짤 때마다 아내의 입에서는 비명이 터져 나왔고, 눈물도 간간이 비쳤다.

젖몸살은 아이가 빨아야 없어진다고 했다. 아무리 강제로 짜내 봐야 아이가 빠는 것에 비할 수가 없다고 했다. 그렇게 몇 시간 고생한 엄마가 보기 안쓰러웠는지 아이가 힘차게 젖을 빨기 시작했다. 땀을 뻘뻘 흘리며 온몸을 들썩거리며 젖을 빨았다. 그리고 이내 아내의 열은 뚝 떨어져 정상 체온으로 돌아왔다. 기특한 녀석이었다. 모유수유는 그렇게 힘겨운 일을 겪고 나서야 겨우 안정되었고, 아내는 출산 휴가 기간 내내 모유를 먹일 수 있었다.

무난히 진행되던 모유수유는 아내가 출근할 날이 가까워지면서 심각한 난관에 부딪히게 되었다. 그냥 빨기에는 부족함이 없었지만, 짜내서 먹이려고 하니 절대적으로 양이 부족하다는 사실을 알게 된 것이다. 젖을 짜는 기계를 구입하고 젖 끝이 갈라지고 시린 고통을 참으면서도 짜보려고 시도했지만, 예상되는 수요에 비해 턱없이 부족하기만 했다. 도저히 그대로는 직장을 다니면서 모유수유를 할 수 없는 상황이었다. 모유수유를 포기할 수밖에 없는 상황으로 내몰리고 있었다.

동냥젖을 먹고 큰 아이

모유의 장점을 생각하면 할수록 어떤 이유이건 간에 모유수유를 포기할 수 없었다. 그러나 짜내서 먹이기에 부족한 젖은 어쩔 수 없는 선택을 강요하고 있었다. 이렇게 좌절이 눈앞에 왔다고 느낀 순간 역시 길이 생겼다. 아내의 출근을 얼마 남겨놓지 않은 어느 날 아이와 함께 조산원에 인사하러 간 우리는 영아 엄마를 알게 되었다. 영아 엄마는 젖이 너무 많아서 젖몸살로 무척 고생하고 있었다. 도저히 영아 혼자서 감당할 수 없는 젖이었다. 그때 우리 아이가 영아 엄마의 젖을 빨아주게 되었다. 젖몸살을 해결하기 위한 도우미 역할이었다. 확실히 아이의 젖 빠는 힘은 갓 태어난 아이에 비해 힘찼고, 젖몸살 해소에 많은 도움이 되었다. 그걸 계기로 하여 친해진 영아 엄마와 아내는 많은 얘기를 나누었다. 그리고 집에 돌아오는 길에 아내는 환한 얼굴로 얘기를 했다.

"정말 고맙게도 우리한테 젖을 짜주시겠대."

모유수유를 어쩔 수 없이 중단할 수밖에 없는 건 아닌가 하는 걱정을 했던 우리에게 정말 한 줄기 광명과도 같은 말이었다. 영아 엄마 덕분에 아내가 직장에 다니면서도 모유수유를 계속할 수 있게 된 것이다. 영아 엄마의 동냥젖이 없었다면 분명 모유수유는 큰 난관에 부딪혔을 것이고 어쩌면 좌절했을지도 모를 일이었다. 영아 엄마가 준 젖은 동냥젖이 아니라 나눔의 젖이었고, 생명의 젖이었다.

젖을 주겠다고 약속했던 영아 엄마는 얼마 지나지 않아 우리가 상상도 못했던 만큼
의 젖을 건네주었다.

모유수유 과정 중에 닥친 첫 번째 고비를 무사히 넘긴 우리에게 두 번째 고비는
의외로 빨리 찾아왔다. 그것도 아내의 출근을 불과 며칠 앞두고 벌어졌다. 우리에
게 또다시 찾아온 두 번째 고비는 젖병이었다. 나름대로 엄마 젖에 가깝게 만들었
다는 젖병을 잔뜩 샀는데, 아이가 빨지를 못했다. 엄마 젖만 빨던 아이에게 전혀
맞지 않았던 것이다. 며칠 후에는 맡겨야 하는데 아이가 젖병으로 먹는 걸 거부한
다는 건 정말 끔찍한 상황이었다. 계속해서 시도를 해보았지만 허사였다. 아내는
눈물을 흘리며 어떻게 좀 해보라고 나를 다그쳤지만 뾰족한 수가 없었다. 그때 갑
자기 떠오른 것이 선물로 들어온 '외제' 젖병이었다.

"세상에…!!"

어쩌면 그렇게 잘 빠는 것일까? 물론 엄마 젖을 직접 빠는 것만 못해서 짜증을
내긴 했지만, 이전 젖병과는 비교가 되지 않았다. 그 이후 우리는 시중에 나와 있는
거의 모든 젖병을 다 사용해본 후에야 'Dr. Brown' 젖병이 가장 적합하다는 것을
알 수 있었다. 직장 다니며 모유수유를 하는 다른 이들에게도 이 젖병을 권해 주었
는데 대부분 좋다고 했다. 물론 아이의 특성에 따라서 다른 젖병을 더 잘 빨기도
한다. 제품에 대한 선호도 차이는 있었지만, 직장을 다니며 모유수유를 해야 하는
엄마들이 공통적으로 느끼는 것은 국산은 정말 아니라는 것이다.
　직장에 다니면서 모유수유를 하기 위한 험난한 과정을 밟으며 우리나라 아기용

품의 대부분이 '분유 먹는 아이' 위주로 되어 있다는 사실을 깨닫게 되었다. 젖병뿐
아니라 냉동 젖을 보관하는 팩도 국산은 마땅한 게 없었고, 휴대용 유축기도 외제
밖에 없었다. 정말 안타까웠지만 직장 다니면서 모유수유를 계속하기 위해서 어쩔
수 없이 우리도 외제를 선호하는 극성스런 부모가 되고 말았다. 물론 값비싼 외제
를 구입하느라 그렇지 않아도 넉넉하지 못한 살림은 더욱 여유가 없어졌다. 앞으로
우리나라 아기용품 회사들도 모유수유를 보장하는 제품을 만드는 데 많은 노력을
기울여 주었으면 하는 바람이 간절하다.

　　출산휴가가 끝나고 아내가 드디어 출근을 했다. 처음엔 아이를 이웃집 아주머니
에게 맡겼다가 사정이 여의치 않아 어린이집에 맡겼다. 아내는 항상 젖을 짜는 도
구와 보관용 팩을 가지고 출근했다. 사무실에 젖 짜는 공간을 할애받고 커튼을 쳤
으며 주변 사람들에게 모유수유를 한다고 얘기하고 양해를 구했다. 직장에서 젖을
짤 수 있는 환경을 조성한 덕택에 아내는 직장생활을 하면서도 젖을 짜서 냉동실에
보관하고, 일정한 양이 모이면 집으로 가져오는 식으로 아이를 맡기는 동안 먹일
젖을 모아 나갔다.
　　그러나 아이에게 빨리지 않고 기계로 젖을 짜내는 것은 힘겨운 일이었다. 기계로
짜내느라 젖 끝이 갈라지고 피가 나는 고통이 수시로 찾아왔지만 아내는 포기하지
않았다. 나중엔 너무 아파서 기계로 짤 수가 없게 되자 손으로만 짜내기도 했는데,
그럴 때면 손이 저려서 부들부들 떨리기까지 했다고 한다. 이러한 어려움 속에서도
아내의 확신은 변하지 않았다. 어떤 음식도 어떤 처방도 모유를 대신할 수 없다는
믿음은 확고했다. 자연이 인간에게 준 최고의 음식이 모유이며, 인간이 포유류인
이상 엄마 젖을 먹이는 것은 당연한 섭리라는 믿음은 변할 수 없었다. 분유는 모

유가 부족하거나 어쩔 수 없는 경우에 사용하라고 있는 것이지, 모유를 대체하라고 있는 게 결코 아니라고 믿었다. 모유수유 때문에 찾아오는 고통과 힘겨움을 아내는 아이를 위하는 마음 하나로 기꺼이 이겨나갔다. 처음 목표로 했던 기간은 6개월이었지만, 우리 부부는 모유수유의 목표를 일 년으로 늘려 잡았다. 참고로 세계보건기구는 24개월을 권장하고 있다.

아이는 영아 엄마뿐 아니라 여러 엄마들의 젖을 빨며 자랐다. 가끔씩 조산원에 가서 젖몸살하는 산모의 젖을 빨기도 했다. 한 번은 하룻밤을 조산원에서 자면서 산모 두 분의 젖몸살을 풀어주기 위해 노력한 적도 있다. 아이는 6개월이 될 때까지 대략 10여 명의 산모 젖을 빨았다. 무난하게 6개월까지 모유수유가 진행되던 중 또다시 고비가 찾아왔다. 젖을 짜주던 이의 아이가 성장하면서 젖 빠는 양이 늘어나 더 이상 나눠줄 여유가 없어진 것이다. 세 번째 고비였다. 그이는 무척 미안해했지만, 도리어 미안한 건 우리였다. 우리 아이 때문에 그동안 젖을 제대로 못 먹였던 건 아닌가 싶어 미안한 마음이 앞섰다. 모유수유 목표를 일 년으로 늘려 잡았지만, 이제 불가능해진 게 아닌가 싶었다.

그러나 세 번째 고비도 나눔의 젖으로 무사히 넘어갈 수 있었다. 같은 조산원에서 아이를 낳은 이웃에 사는 산모가 "젖이 많으니 나눠 주겠다"는 것이었다. 게다가 직접 아이를 돌봐줄 수도 있다고 했다. 어린이집에 양해를 구하고 그이에게 아이를 맡기면서 모유수유를 부탁했다. 직접 맡아서 돌보는 것이었기 때문에 젖을 짜서 얼리지 않고 바로 빨렸으며, 짜서 먹이는 경우에도 새벽이나 그 전날 짜놓은 훨씬 신선한 젖을 먹일 수 있어 우리에겐 다시없는 선택이었다. 그로부터 3개월간 아이는 그이의 품에서 젖을 나눠먹으며 자랐다.

그렇게 9개월까지 모유를 먹던 아이에게 네 번째 고비가 찾아왔다. 아이를 돌보던 이가 몸도 많이 안 좋아지고, 아이가 성장하면서 나눠 먹일 젖이 부족하게 되었기 때문이었다. 그때 우리는 젖의 양을 급격히 줄이고, 이유식 양을 많이 늘리는 방법으로 해결할 것인지를 결정해야 했다. 물론 혼합수유를 생각해 보기도 했지만, 좋지 않다는 결론을 내리고 고려 대상에서 일찌감치 제외했다. 물론 모유수유 자체를 중단할 생각은 애초에 없었다. 그러나 쉽지 않은 선택의 순간이었다. 그러한 고민을 조산원 홈페이지에 올렸다. 응답을 기대하며 쓴 것이 아니었는데 예상치 않게 답장이 왔다. 역시 조산원에서 출산한 한 산모가 또다시 젖을 짜주겠다고 연락이 온 것이다. 나는 답신을 읽어본 후 뭉클한 감동을 느꼈다.

"우리 서진이가 어릴 때부터 나눔의 기회를 갖게 해주어서 감사합니다."

정작 고마워해야 할 사람은 우리 부부였는데, 오히려 아이가 나눔의 기회를 어릴 때부터 갖게 해주어서 고맙다는 서진 엄마의 말에 가슴이 뭉클해졌다. 나눔이 얼마나 고맙고 기쁜 일인지, 나눔이 얼마나 소중한 것인지 깨닫게 해주는 말이었다.

아이는 많은 이들의 도움을 받으며 무사히 목표했던 일 년을 넘기고, 두 돌이 되도록 여전히 모유를 먹고 있다. 물론 이유식을 거쳐 밥도 잘 먹고 있다. 자기 것을 나눠주는 고마운 이들이 없었다면, 분명 아이가 지금껏 모유를 먹고 자랄 수는 없었을 것이다. 아이가 인생의 첫발부터 나눔의 축복을 받고, 아름다운 인연을 많이 맺을 수 있어서 얼마나 기쁜지 모른다. 장차 아이가 어른이 되어가는 과정에서 이러한 얘기들을 해준다면 인생의 큰 자양분이 될 것이라고 믿는다. 이 자리를 빌어 그동안 동냥젖을 나누어주신 고마운 분들에게 다시 한번 감사를 드리고 싶다.

모유는 자연이 준 최고의 선물

견디기 힘든 시련과 난관 속에서도 모유수유를 계속하려고 했던 것은 모유의 장점을 명확하게 알고 있었기 때문이었다. 주변의 만류와 열악한 사회환경 속에서 모유수유를 성공하기 위해서는 모유의 장점에 대해 명확하게 인식하고 모유수유를 반드시 하겠다는 신념이 필요하다. 모유에 대한 교육을 받기 전까지 내가 알고 있던 지식은 '초유는 반드시 먹여야 한다'는 정도였다. 그 외에는 분유보다 모유가 좋지 않을까 하는 막연한 생각뿐이었다. 그러나 모유에 대한 교육을 받고 책과 인터넷을 통해 여러 정보를 수집하던 나는 모유의 놀라운 효능에 감탄하지 않을 수 없었다. 다음에 소개하는 모유의 장점에 대한 자료는 그동안 내가 교육을 받았던 내용과 수집한 자료를 종합하여 정리해 놓은 것이다. 모유수유를 결심하는 데 많은 도움이 될 것 같아 조금 딱딱하고 길지만 소개한다.

생후 첫 일 년 동안의 영양상태는 아이의 일생을 좌우할 만큼 중요할 뿐 아니라, 성인이 된 후의 체질이나 질병상태에도 영향을 미친다. 예전에는 모유영양이 잘 수행되었고 모유가 부족한 경우에는 유모를 두어 해결했다. 그러나 20세기에 들어 분유제조기술이 발달하면서 부족한 모유나 직장생활 등을 이유로 모유를 일찍 중단하는 경우에, 분유는 충분한 영양을 공급할 수 있는 대체식품으로 자리잡았다. 여기에다 유방의 미용적인 측면에 대한 고려까지 가세하여 모유영양이 무시당했으며, 모유수유를 창피한 것으로 생각하고 기피하면서 전세계적으로 인공영양이 모유수유보다 우위를 차지하게 되었다. 그러나 20여 년 전부터 서구사회를 중심으로 모유의 장점에 대한 인식이 확산되면서, 모유로의 복귀운동이 대대적으로 일어나 현재는 분만 직후에 대부분의 산모가 모유만을 아이에게 먹이고 있다.

모유는 아이에게 필요한 영양을 충분히 갖고 있어서 초기의 영아들은 엄마 젖을 먹는 것만으로도 충분하다. 모유수유를 기피하는 많은 이들이 모유만 먹이면 영양학적으로 부족하지 않을까 하는 우려를 갖고 있다. 이러한 우려로 인해 모유와 분유를 함께 먹이는 혼합수유를 한다거나, 분유를 먹이는 선택을 하는 경우가 많은 것 같다. 어떤 이들은 분유와 모유의 성분을 비교하면서 분유가 훨씬 많은 영양 성분을 가지고 있다고 주장하기도 한다. 물론 그것은 부분적으로 사실이다. 그러나 중요한 것은 흡수율이다. 비타민, 철분, 무기질 등은 모유에서 더 효과적으로 흡수되며, 흡수된 양을 비교하면 모유가 분유보다 훨씬 많은 양이다.

흡수율뿐 아니라 분유는 영양학적으로도 모유와 비교되지 않는다. 분유는 비타민 C를 충분히 함유하고 있지 않으며, 철분이 부족하여 아이가 철분 결핍성 빈혈에 걸릴 우려가 높다. 분유는 염분을 과다하게 포함하고 있으며, 과다한 칼슘과 인으로 인해 근육 경련을 일으킬 수도 있다. 또한 지방을 많이 포함하고 있지 않아 충분한 열량을 낼 수 없으며, 아이의 미성숙한 신장이 배설하기 힘든 아미노산이 부적절하게 혼합되어 있다. 분유는 지방을 소화하는 효소를 함유하고 있지 않으므로 아이의 소화력을 떨어뜨리는 문제점도 있다.

모유는 6개월 정도까지 다른 걸 일절 먹이지 않더라도 아이에게 필요한 모든 영양을 충분히 공급해 주며, 6개월이 지난 뒤부터는 이유식을 통해 부족한 부분을 채우면 된다. 흔히들 지적하는 모유의 영양부족은 6개월이 지난 뒤의 문제이며, 이는 모유의 단점이 아니라 이유식을 시작할 때가 되었음을 알려주는 신호일 뿐이다.

누군가 주위에서 모유는 6개월이 되면 영양이 없으니 분유가 더 좋다는 식의 이야기를 한다면 이런 말은 철저하게 무시해도 좋다. 모유만을 먹이는 6개월까지는 아이가 필요로 하는 수분도 모유를 통해 충분히 공급되므로 물을 먹일 필요도 없다.

모유의 두 번째 장점은 항상 신선하고 일정한 온도를 유지하며 무균일 뿐 아니라 면역성분이 들어 있어, 아이들의 면역력을 키워주고 건강을 지켜준다는 점이다. 많은 신생아들이 감염에 노출되고 있으며 이로 인해 병원에 입원하고, 심한 경우 사망하는 일도 발생하고 있다. 모유는 무균질 음식이다. 엄마가 감기에 걸리면 감기균이 모유를 통해서 전달되는 것이 아니라 면역성분이 전달된다. 초유는 A형 면역글로불린이나 라이소자임 같은 항감염물질을 가지고 있으므로 아이에게 반드시 먹여야 한다는 상식은 우리가 익히 알고 있는 사실이다. 초유뿐 아니다. 모유에는 임파구, 다핵구, 거식세포, 철결합단백, 면역글로불린, 라이소자임 등 항감염 및 항바이러스 물질을 풍부하게 함유하고 있어 생후 1년 동안은 위장 감염, 호흡기 감염에 덜 걸리게 된다. 특히 볼거리, 수두, 인플루엔자, 일본뇌염 등에 걸릴 확률이 낮아지고 최근엔 천식의 위험도 감소된다는 보고가 있었다. 모유는 분유에 비해 소화하기 쉬우며, 분유 알레르기(구토, 설사, 장출혈, 습진 등) 같은 수유장애가 적은 것도 장점이다.

아기의 연령에 따라 모유의 성분이 변화한다는 사실은 익히 알려진 것이다. 단적으로 미숙아를 위한 모유는 대단히 고단백이고, 8개월 된 아기를 위한 모유는 1개월 된 아기를 위한 모유보다 열량이 더 높다. 모유의 성분은 날씨에 따라서도 변화한다. 더운 기후에서는 모유가 수분을 더 많이 함유하고, 추운 기후에서는 지방을 더 많이 함유한다.

　모유의 세 번째 장점은 당연히 분유보다 경제적이라는 점이다. 최근 분유 값은 고급화란 명목하에 천정부지로 값이 치솟고 있다. 우리 아이에게는 가장 좋은 것을 먹여야 한다는 부모들의 심리를 교묘히 이용한 분유회사의 상술이 빚은 결과이다. 흔히들 아이를 낳으면 '분유 값이랑 기저귀 값 벌려면 더 열심히 일해야지'하고 말하곤 하는데, 실제로 분유를 먹이는 이들의 말을 들어보면 만만치 않은 부담이라고 한다. 모유수유에는 돈이 들지 않는다. 물론 직장 다니면서 모유수유를 하기 위해서는 수유용품을 구입해야 하기 때문에 돈이 들지만, 그 외에는 어떤 비용도 들지 않는다. 비용이 드는 부분이 있기는 하다. 솔직히 모유수유를 하는 엄마들은 틈만 나면 먹는데, 조금 많이 먹는 편이다.

　한 번은 모유수유하는 엄마들 네 명이 어울리는 자리에 간 적이 있었는데, 몇 시간 동안 먹는 양이 장난이 아니었다. 나중에는 서로들 먹는 양에 놀라면서도 아이가 젖을 빨면 왜 그렇게 먹고 싶은 것이 많은지 모르겠다며 은근히 내 눈치를 살폈다. 다들 남편에게 한두 번씩 많이 먹는 것 때문에 구박을 받은 적이 있다는 것이다. 아내는 그것 보라며 아이의 먹을 것을 만들어내느라 많이 먹는 것이니 절대 구박하면 안 된다고 압력을 넣었다. 먹고 싶은 것을 바로바로 사달라는 말도 잊지 않았다. 모유를 먹이는 엄마들은 많이 먹기는 하지만, 아이가 젖을 빨아서인지 살이 잘 찌지 않는다. 이 또한 장점이 아닌가 싶다.

　모유의 네 번째 장점은 아이의 발달에 훨씬 유익하다는 점이다. 모유에는 중추신경계(뇌, 망막 등) 발육에 필요한 타우린, DHA, 아라키돈산 등의 물질이 존재하여 영아 및 미숙아에게 먹이면 학습기능 및 기억능력이 높아진다. 어릴 때 모유를 먹은 사람이 그렇지 않은 사람에 비해 지능이 높다는 사실은 이미 과학적으로 증명이 되었다. 특히 미숙아의 경우 지능지수가 10포인트 정도 차이를 보인다고 한다.

모유와 지능의 관계를 처음 과학적으로 증명한 것은 1992년 영국의 루카스 박사 팀이었다. 조산아로 태어난 아이들에게 모유를 먹이고 이 아이들이 8세가 되었을 때 분유를 먹고 자란 아이들과 비교했더니, 젖을 먹은 아이들의 지능지수가 훨씬 높았다는 보고였다. 물론 지능에 영향을 줄 수 있는 여러 가지 주위 인자, 예를 들어 가정환경과 엄마의 교육 정도 등을 조절하여 같은 조건의 아이들을 비교한 연구였다. 당시 이 연구 결과는 많은 파문을 일으켰고, 모유수유 전문가들은 평소 자기들의 믿음이 과학적으로 증명되었다고 쾌재를 부르기도 하였다. 그리고 이에 대한 반박도 심심치 않게 나왔다. 즉, 젖을 먹이기로 결정하는 엄마들은 건강에 대한 생각이나 부모로서의 사고방식이 분유를 먹이는 엄마와 다를 수 있으므로 이러한 사고의 차이가 아이들을 기르는 과정에서 지능에 영향을 줄 수도 있다는 반론이 있었다.

1996년에 영국에서는 66세부터 76세의 성인을 대상으로 아기 때에 무엇을 먹었는지 기록이 정확한 사람들 994명을 모아서 지능 검사를 실시하였다. 그 결과 젖만 먹은 노인 쪽이 분유를 먹었거나 혼합영양을 한 사람들보다 지능이 더 높았다고 한다. 이렇게 젖을 먹으면 노인이 되어서도 지능에 차이가 난다고 하는데 더 이상 어떤 증거가 필요할까? 우리 엄마들의 교육열은 단연 세계 최고 수준으로 어린아이들을 매일 학원으로, 과외선생에게로, 외국으로 보내는 데 열성이지만, 정작 아이를 건강하고 똑똑하게 만드는 모유수유는 하지 않고 있다. 아이들 머리에 하나라도 더 넣으려는 데 열중하면서 처음부터 머리를 좋게 할 줄은 모르고 있으니 안타까운 일이다.

모유수유가 지능을 좋게 하는 이유는 영양학적으로 모유 속의 풍부한 DHA, 타우린, 유당이 두뇌발달을 촉진시킬 뿐 아니라, 젖을 빠는 행위 자체가 두뇌발달을 촉진시키기 때문이다. 젖을 빨면서 아이는 손과 눈의 협응 능력이 발달하게 되고, 이러한 동작이 두뇌발달을 가져온다. 우리 아이의 경우 젖을 빨 때 입으로 물고 있지 않은 젖을 끊임없이 손으로 만진다. 한 손 또는 두 손을 이용해 만지고 비틀고 꼬집고 감싸고 늘어뜨리는 행위를 끊임없이 반복한다. 이러한 반복적인 손가락 운동이 아이의 세심한 운동능력(소근육 운동)을 향상시키고, 끊임없는 자극으로 두뇌발달에 많은 도움을 준다. 또한 젖을 빨 때의 힘은 온몸을 들썩일 정도로 젖병을 빠는 것에 비해 수십 배 많은 힘을 필요로 하고 있으며, 이는 뇌의 혈류량을 증가시켜 뇌발달을 촉진한다.

모유수유를 한 아이들에게는 비만증도 적다. 분유에는 포화지방산이 많은 반면 모유에는 긴 사슬형의 불포화지방산이 많고 지질분해효소가 있어 지질소화가 잘 된다. 그리고 모유수유시 수유 마지막에 단백질과 지방질의 농도가 증가하여 포만감을 줌으로 인해 비만증이 적게 된다. 소아과 병원에 가면 우리나라 소아들의 일반적인 성장 곡선이 소개되어 있다. 그런데 이 성장 곡선은 주로 분유를 먹고 자라는 아기들을 대상으로 하여 만들어졌다. 이제까지의 연구 보고에 따르면 젖을 먹는 아기와 분유를 먹는 아기의 성장, 그 중에도 체중은 상당히 다른 곡선을 나타낸다고 알려져 있다. 간단히 말해서 젖 먹는 아기는 분유 먹는 아기보다 출생 후 첫 3개월 가량은 체중이 더 빨리 증가하지만, 생후 6개월부터는 분유 먹는 아기에 비하여 체중 증가가 더디다. 그러므로 분유 먹는 아기를 중심으로 만들어진 성장 곡선에 젖 먹는 아기의 체중 증가를 비교해보면 자칫 성장이 느리다고 판단하기 쉽다. 이런 오해를 바탕으로 아기가 젖을 먹으면 잘 자라지 않으니 젖을 끊거나 이유식을 먹여야 한다고 오판하게 된다. 그러나 젖 먹는 아기의 성장 곡선이 정상이며, 분유 먹는 아기의 곡선은 자칫 비만의 위험을 높일 수 있다. 현실적으로 분유 세대부터 소아 비만이 급격히 증가하고 있으며, 이차적으로 성인병도 증가하고 있는 점에 주목할 필요가 있다.

모유는 산모가 무슨 음식을 섭취하는가에 따라 맛이 달라진다. 그래서 아기는 매번 다른 맛을 맛볼 수 있게 된다. 어떤 이유식을 선택하여 먹이느냐와 함께 아이의 식습관에 결정적 영향을 미치고, 이는 아이의 비만뿐 아니라 건강 전반에 결정적 영향을 미치게 됨은 명확하다.

모유의 다섯 번째 장점은 엄마에게도 모유수유가 매우 좋다는 사실이다. 출산 후 산모의 몸이 회복되는 데 모유수유는 반드시 필요하다. 아이가 젖을 빨게 되면 자궁이 수축된다. 자궁이 수축됨으로 인해 자궁 속의 노폐물이 원활하게 배출되게 된다. 이는 모유수유를 하는 산모와 그렇지 않은 산모를 비교해 보면 금방 알 수 있다. 모유수유를 하지 않은 산모는 출산 후 오로가 늦으면 3주, 빠르면 2주 만에 멈추지만 모유를 먹이는 산모는 대부분 한 달, 길게는 한 달 반 동안 오로가 나온다. 모유수유를 하면 자궁 속의 찌꺼기가 남김없이 빠져 나오는 것이다. 자궁 속에 찌꺼기가 남아있다는 걸 생각해 보면 모유수유를 하지 않는 것이 산모에게 얼마나 해로운 것인지 단적으로 알 수 있다. 이러한 이유로 자궁암에 걸릴 확률이 모유수유를 하지 않은 엄마들에게서 높게 나타나고 있다고 생각된다. 자궁암뿐 아니라 유방암에 걸릴 확률도 모유수유를 하지 않은 엄마들에게 높게 나타나고 있음이 많은 과학자들에 의해 밝혀지고 있다. 엄마 젖은 아이가 뱃속에 있는 동안 모유를 먹일 준비를 했는데, 출산 후 아이가 젖을 빨지 않으니 당연히 문제가 생길 수밖에 없는 것이다.

또한 모유수유시에는 배란이 억제되어 자궁에 충분한 휴식을 제공해서 임신과 출산으로 인해 피로해진 자궁의 회복에 도움을 주고, 자연스럽게 피임도 되는 일석이조의 효과가 있다. 두 아이를 키우는 한 엄마는 첫째 아이가 두 살이 될 때까지 모유수유를 했는데 그동안 생리도 거의 하지 않는 등 자연스럽게 피임을 했고, 젖을 끊고 얼마 뒤 둘째를 임신했다면서 아이들의 터울이 자연스럽게 세 살이 되어서 정말 좋았다고 한다. 첫째 아이를 낳고 피임 때문에 부부간에 갈등을 겪거나 불안감 속에서 피임을 하고 있는 엄마들이 많은 상황에서, 모유수유를 통한 자연스런 피임은 행복한 부부생활을 보장해주는 또 하나의 장점이 되고 있다. 또한 모유를 잘 나오게 하기 위해서는 엄마가 충분한 영양만 섭취하면 되므로 이 또한 엄마, 아기 모두에게 이익이다.

모유의 여섯 번째 장점은 아이의 사회적 성장에 유익하다는 점이다. 모유수유의 과정은 엄마와 아이 간에 친밀한 육체적 접촉의 과정이다. 이러한 과정은 자연스럽게 아이에게 정서적 안정을 가져다준다. 나카니시 요시오(『그림으로 읽는 아이들 마음』, 사계절)에 따르면 등교를 거부하는 아이들의 33%는 모유를 전혀 먹지 않았고, 42%는 1~3개월, 9%는 4~6개월, 16%는 7개월 동안 모유를 먹었으며, 그 이상 모유수유를 한 경우는 등교거부 사례가 발견되지 않았다고 한다. 야뇨증의 경우 모유를 먹지 않은 경우가 34%, 1~3개월이 28%, 4~6개월이 25%, 7개월이 13%이며, 비행을 저지른 경우도 모유를 먹지 않은 경우 31%, 1~3개월이 31%, 4~6개월이 31%, 7개월이 7%로 나타났다고 한다. 저자는 모유를 먹이지 않아도 따뜻한 말이나 부드러운 손길이 아기의 정서적 안정에 도움을 줄 수 있겠지만, 모유는 아이들의 몸과 마음이 자라는 데 필수 불가결한 것이라고 지적하면서 부모 자식 간의 유대는 아이를 모유로 키우는 데서 시작한다는 점을 강조하고 있다.

아이가 태어나서 첫 번째로 겪는 시기가 구강기(oral stage)이다. 구강기는 유아의 욕구, 지각과 표현방식이 주로 입, 입술, 혀 그리고 기타 구강부위와 연관된 곳에 집중되는 유아발달의 가장 초기 단계이다. 우리는 주변에서 흔히 손가락을 빨면서 유모차를 타고 가는 어린 아기들을 목격할 수 있다. 이 아이들은 빠는 욕구를 해소하기 위해 손가락을 빤다. 그러나 아이의 손가락이나 젖병, 노리개 젖꼭지가 아이의 빠는 욕구를 해소할 수 없음은 명확하다. 젖을 빨 때 아이는 온몸을 들썩이며 빤다. 땀을 뻘뻘 흘리며 젖을 빤 뒤의 아이 표정은 천사처럼 해맑다. 구강기에는 모유수유 후의 평안한 정적으로 특징 지워지는 구강충족, 즉 젖을 다 빨고 나서 잠자기 직전의 이완상태를 추구한다. 구강기의 욕구를 충분히 해소할 경우 자기신뢰와 자기믿음이 확고해짐은 물론 타인에 대해 과도한 의존성을 보이지 않고 타인과 주고받을 수 있는 성격구조, 즉 사회생활의 기초적 성격이 형성된다. 이렇듯 구강기의 욕구가 충분히 충족된 아이가 사회적으로 보다 건강하게 자랄 확률이 높다고 할 수 있다.

모유에 대한 잘못된 상식들

아이의 올바른 사회적 성장을 위해서도 모유수유가 필요하다고 하니 엄마가 아이에게 줄 수 있는 최고의 선물이 모유라는 말은 결코 과장된 것이 아님을 알 수 있다. 그런데 이렇게 모유의 장점을 이곳저곳에서 얘기하다보면 모유만 먹일 경우 영양이 부족하지 않을까 하는 우려를 비롯하여 잘못된 상식을 갖고 있는 이들을 너무나 많이 만날 수 있었다. 모유수유를 꼭 하겠다고 생각한 이들조차 올바른 모유수유 방법을 몰라서 실패한 경우가 많았고, 특히 혼합수유로 인해 실패한 엄마들의 경험도 종종 들을 수 있었다.

먼저 젊은 엄마들의 경우 모유를 먹이면 엄마의 건강이나 체형이 나빠진다고 알고 있는 이들이 많은데, 이는 잘못된 생각이다. 젖을 먹이면 엄마의 과다 체중이 빠지는 경우는 있지만 건강에 해를 주는 경우는 결코 없고, 오히려 산후 회복의 촉진 등 이로운 점이 많다. 또, 엄마의 체형에 나쁜 영향을 미친다는 것은 증명된 바 없고, 오히려 과다 체중이 감소하여 날씬한 체형을 가질 수 있다. 이는 몸매에 관심이 많은 젊은 엄마들이 바라는 바가 아닌가 싶다. 나중에 자세히 얘기하겠지만, 아내는 모유수유를 통해 결혼 전보다 훨씬 날씬해졌다. 출산 후 별다른 다이어트를 한 적도 없고, 특별히 적게 먹거나 운동을 하지도 않은 상황에서 아내가 처녀 때보다 날씬한 몸매를 갖게 된 것은 전적으로 모유수유 덕택으로 보인다. 주변에서 모유수유를 하는 많은 엄마들을 보면 대부분 임신 기간 중 늘어난 체중이

거의 대부분 빠졌을 뿐 아니라, 오히려 몸무게가 줄어든 경우를 쉽게 찾아볼 수 있다.

둘째로 젖꼭지가 납작한 편평유두이거나 함몰 젖꼭지라서 젖을 먹일 수 없다고 판단하여 모유수유를 기피하는 경우가 있는데, 이 또한 문제가 되지 않는다. 젖꼭지가 납작한 것은 젖을 먹이는 데 아무런 문제가 되지 않는다. 함몰 젖꼭지의 경우에도 실제 그 숫자가 아주 적고, 설사 함몰 젖꼭지라고 하더라도 모유수유가 아주 불가능한 것은 아니다. 함몰 유두의 경우 사전에 수술을 하면 아무런 문제가 되지 않는다. 따라서 함몰 유두인 경우 임신을 하기 전에 수술을 하는 것이 좋다. 그렇지 않을 경우 정말 참기 힘든 고통을 이겨내고, 피나는 노력을 해야만 모유수유에 성공할 수 있다. 다음에 소개하는 글은 한 엄마의 편평유두 극복 체험기이다.

"모유수유가 아기에게 좋다는 것과 여러 자료를 통해 모유수유시 힘든 점들도 알고 이를 준비해 왔답니다. 또한 모유수유를 성공시키기 위해 조산원에서 한 주 동안 산후조리를 하기로 결심했구요.

모유수유 첫날 기쁜 마음으로 아이에게 젖을 물렸는데, 문제는 제 유두가 편평유두여서 아기가 젖을 빨기 힘들어한다는 것입니다. 게다가 그나마 없는 유두가 임신 기간 동안 단련되지 않아 쉽게 헐어버려 아기가 젖을 빠는 것이 고통스럽기까지 했답니다. 모유수유하겠다고 큰 소리 빵빵 쳤건만, 그에 대한 실제적인 준비는 전혀 하지 않았던 거죠. 결국 아기 낳고 사흘째 되던 날 젖꼭지를 무는 것이 힘들어 우는 아이를 안고 한참을 울었답니다. 제발 엄마 젖꼭지 좀 빨아 달라고 아기를 달래는데, 우는 아기가 얼마나 불쌍하던지 지금도 그때 생각하면 눈물이 나온답니다.

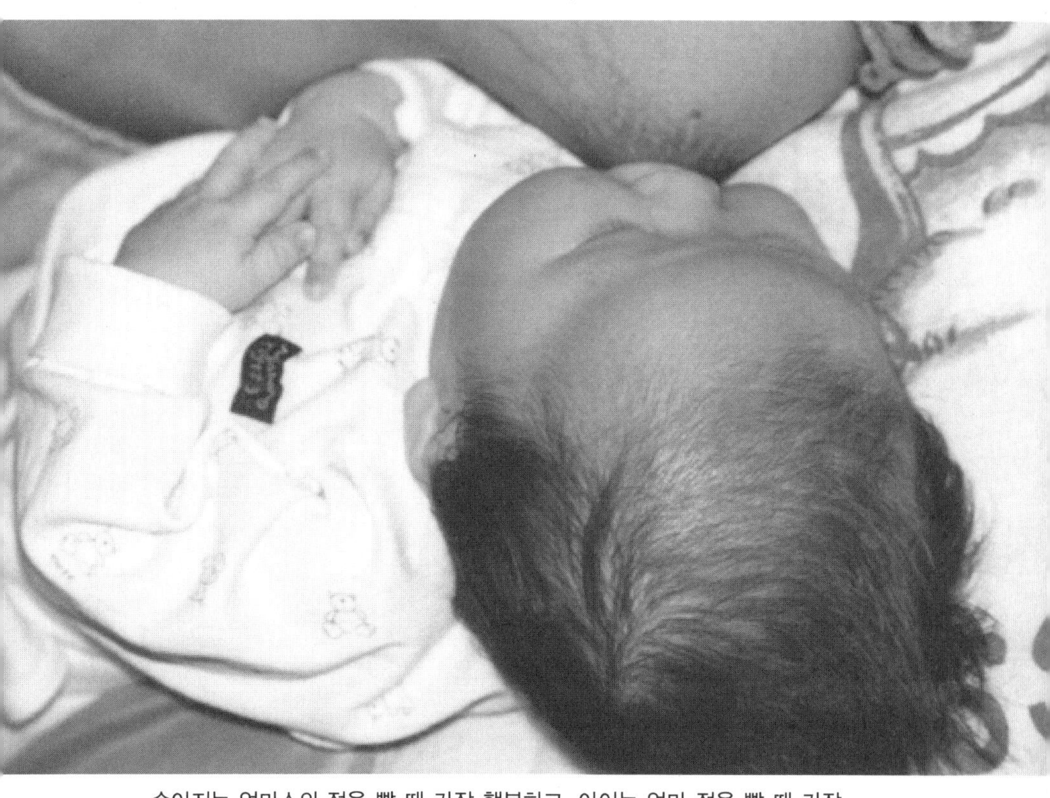

송아지는 엄마소의 젖을 빨 때 가장 행복하고, 아이는 엄마 젖을 빨 때 가장
행복하다.

조산원에서 산후조리 기간 동안 편평유두로 젖을 빼는 방법을 익히도록 많은 도움을 받았습니다. 먼저 유두보호기(Nipple Shield)를 착용하여 젖꼭지 길이를 보충하고, 상처가 난 젖꼭지가 아프지 않도록 했습니다. 처음엔 유두보호기가 익숙하지 않은 아이를 위해 젖꼭지 안에 모유를 조금 짜넣어서 물리는 방법을 썼습니다. 그리고 전동유축기 사용으로 젖꼭지 길이를 점차 늘이도록 했고, 젖몸살에 걸리지 않도록 밤낮을 가리지 않고 젖 마사지와 함께 젖을 짜주는 노력도 게을리하지 않았습니다. 그래서 아이는 지금 엄마 젖을 아주 잘 먹고 있답니다. 아마도 저 혼자 집에서 했더라면 분명 실패했을 거예요."

편평유두뿐 아니다. 잘 알고 지내는 한 엄마는 함몰유두였는데, 무려 한 달 동안 가슴에 피가 맺히는 고통을 이겨내면서 결국엔 모유수유에 성공하였다. 피가 맺히고 상처가 난 젖을 아이가 빠는 고통은 생각만 해도 끔찍한데, 그 엄마는 단지 아이에게 모유를 먹여야 한다는 일념 하나로 이겨낸 것이다. 모유수유에 성공하기 위해서 엄마의 의지가 왜 중요한지를 명확히 보여주는 사례이다.

셋째로 젖에 대한 오해도 많다. 젖이 물젖이라는 것이 대표적인데, 물젖이라는 것은 젖 빼는 시기에 따라서 젖의 투명도가 달라지기 때문이며 이는 젖에 함유된 지방성분이 다르기 때문이다. 따라서 물젖이라는 걱정은 하지 않아도 된다. 또 하나의 오해가 출산 후 젖이 충분히 불어나야 젖을 먹일 수 있다는 생각이다. 아직 붓지 않은 유방에도 젖은 어느 정도 들어 있으며, 출산 후 되도록 빨리 젖을 빨려야 젖의 양이 늘어난다. 더구나 유방 안에 젖이 장시간 축적되어 있으면, 도리어 젖의 양이 줄어드는 결과를 초래할 수 있다.

한 산모는 처음엔 젖이 너무 안 나오다가 어느 순간부터 계속해서 옷을 적실 정도로 흘러나오자, 젖이 많아서 그런 줄 알고 미역국도 덜 먹고 물도 되도록 마시지 않았다가 그만 유방농양에 걸리고 말았다고 한다. 그래서 어느 병원에 가보니 전신마취 후 수술을 해야 한다고 하고, 어떤 한의원에서는 약을 주면서 농양 상처는 건드리면 번진다고 해서 잘 짜지도 못했다고 한다. 그 후 두 달여 동안 이런저런 고생을 했지만 실패하고, 어느 '유방클리닉'에 가서야 간단한 수술을 마친 후 엄청난 양의 고름을 다 빼냈다고 한다. 거의 두 달을 앓았기 때문에 젖을 먹이지 못할 거라고 했지만, 다행히 젖을 다시 성공적으로 먹였다고 한다. 이러한 경험을 한 엄마는 이후 모유수유를 하는 엄마들에게 항상 물 많이 먹고, 남은 젖은 전동유축기로 짜낼 것을 권한다고 한다. 유방농양에 걸리더라도 주사기로 고름을 뽑고 아이에게는 계속해서 젖을 물려도 된다는 충고도 잊지 않았다.

넷째로 특히 병원에서 많이 듣는 이야기인데 아기에게 황달이 있으면 젖을 먹이지 말라는 권고이다. 젖을 먹는 아기들은 분유를 먹는 아기들에 비해 황달이 생길 확률이 높다. 그러나 황달을 치료해야 하는 이유는 핵황달(kernicterus) 때문인데, 아직까지 젖으로 인해 핵황달이 된 예는 보고된 바가 없다. 핵황달은 신경증후군의 일종으로 중증 황달 증상이다. 핵황달에 걸릴 경우 근력이 떨어지고 근육이 경직되며 심할 경우 폐출혈까지 일어날 수 있다. 후유증으로 지능장애, 운동장애, 뇌성마비 등이 올 수도 있다. 젖으로 인한 황달일 경우 대개 그 정도가 심하지 않고, 단지 햇볕에 피부를 노출시키거나 간단한 치료를 거치기만 하면 충분히 치료가 가능하다. 황달이라고 해서 젖을 먹이지 말라는 것은 엄마와 아이의 고통만 가중시키고 모유수유를 어렵게 만들 뿐이다. 다만 묽은 젖은 짜내고 진한 젖을 먹이는 것이

황달 치료에 보다 도움이 된다고 한다.

황달로 인해 모유를 끊고 분유를 먹이다 다시 모유를 먹이는 과정에서 겪는 고생담을 주변에서 흔히 들을 수 있다. 분유에 익숙해진 아이에게 다시 젖을 물리면서 어려움을 겪게 되는 것이다. 뿐만 아니라 이번 기회에 젖을 끊으라고 하거나 분유와 같이 먹이라는 주위 사람들의 권고까지 있고 보면, 많은 엄마들이 모유수유를 계속하는 것에 대해 갈등하게 된다. 황달로 인해 일단 젖을 끊었다 일주일 만에 젖을 다시 물린 한 엄마는 아이가 젖을 빨지 않으면 굶길 각오로 물렸는데, 처음에는 한참 울던 아이가 젖을 빠는 것이 너무 고마워서 눈물이 핑 돌았다고 한다.

장염을 앓는 경우도 모유를 끊고 특별하게 제조된 분유를 권고하는 병원이 많은데, 이 또한 근거 없는 것이다. 위장계 감염에 가장 좋은 치료법은 모유수유이다. 병원에서 처방한 간단한 약과 함께 모유수유를 지속하는 것은 아기의 장이 빠르게 회복되는 데 가장 좋은 방법이다.

여섯째, 아기의 대변이 묽거나 횟수가 잦으면 모유를 먹이지 말라는 권유이다. 젖을 먹는 아기의 대변은 분유 먹는 아기보다 묽고 또 횟수도 잦아서 하루에 열 번까지 보는 수도 있다. 그러나 이러한 대변이 아기에겐 정상이며 설사도 아니다. 우리 아이의 경우 하루에 천 기저귀를 무려 40장 가까이 소모시킨 날도 있었는데, 이런 날은 묽은 대변을 수도 없이 보았다. 그러나 아이는 건강했고 아무 이상이 없었으며 지금까지 위장이나 장에 이상이 생긴 적은 단 한 번도 없었다.

마지막으로 가장 많은 엄마들이 실수하는 것이 바로 혼합수유이다. 혼합수유를 하는 경우는 대부분 젖이 부족하다고 생각하거나 모유만 먹여선 아이에게 무언가 부족할 거라는 생각 때문이다. 젖이 부족하다는 생각에 혼합수유를 하는 경우 모유 부족 현상을 가속화시켜 결국엔 모유수유를 실패하게 만든다. 그리고 앞서 얘기했 듯이 모유는 6개월까지 아이가 필요한 모든 것을 가지고 있으므로 영양 부족을 우려해 분유를 먹이는 것은 분유가 가지고 있는 단점을 그대로 드러낸다는 점에서 결코 바람직하지 않다. 모유는 아기가 많이 빨수록 양이 늘어난다. 그런데 혼합수유를 할 경우 아이는 손쉽게 먹을 수 있는 젖병과 분유의 단맛에 적응하면서 땀을 뻘뻘 흘리며 먹어야 하는 엄마 젖을 거부하게 된다. 어른들과 마찬가지로 쉬운 길을 이미 알아버린 아이는 힘든 길을 다시 가려하지 않는 경향이 있다. 다음에 소개하는 세 아이를 가진 엄마의 경험담은 혼합수유를 왜 피해야 하는지 명확하게 보여주고 있다.

"직장도 그만두고 모유수유를 위한 준비를 했지만, 첫째 아이는 태어날 때 난산이어서 일주일 동안 입원하는 바람에 처음부터 젖을 빨리지 못했고, 아이가 필요로한 만큼 젖이 돌지 않았습니다. 결국 혼합수유를 택했고 모유수유는 실패했습니다. 둘째는 젖만 빨려야 한다는 사실을 모르고 처음부터 적당히 빨리다 배가 고파 우는 것 같으면 분유 먹이기를 반복하다보니 젖이 늘지 않고 말라버렸습니다. 셋째는 모진 결심을 하고 아이가 황달로 인해 함께 퇴원하지 못했음에도 불구하고 유축기로 짜면서 모유수유를 준비했습니다. 아이가 3일 만에 퇴원했는데 그동안 분유를 먹었던 탓에 요구하는 양이 많아졌고, 저는 그때서야 젖이 돌았기 때문에 그 차이가 많이 났습니다. 이로 인해 아이는 계속해서 배고파 울었지요. 그럼에도 불구하고 모진 결심을 한 저는 다른 건 일체 먹이지 않고 무조건 젖만 물렸습니다. 일주일 동안 모진 고생 끝에 결국 아이가 필요로 하는 충분한 젖이 돌기 시작했고, 아이는 엄마 젖만으로 충분히 배를 채울 수 있었습니다. 제 생각에 모유수유가 성공하느냐 못하느냐는 전적으로 엄마의 의지에 달린 게 아닌가 합니다. 혼합수유를 선택하는 순간 모유수유는 실패의 길로 들어선 것이죠. 모유수유를 결심했다면 절대 혼합수유는 생각도 하지 마세요.”

아내 또한 소아과 병동에 입원한 아이의 엄마가 혼합수유를 생각하거나 하고 있으면 반드시 그만둘 것을 권유한다고 한다. 모유수유를 원할 경우 절대 혼합수유를 선택해서는 안 된다는 점을 설명하면, 거의 모든 엄마들이 혼합수유에 대해 잘못 알고 있었다면서 모유만을 먹인다고 한다. 아이는 배가 고프면 젖을 빨게 되어 있다. 아이가 운다는 이유로 손쉽게 분유와 젖병을 제공하는 것은 이후에 아이가 세상을 살면서 시련에 부닥쳤을 때 손쉬운 길만을 선택하도록 하는 잘못된 출발이 될 수 있다. 태어나서부터 자신의 힘으로 힘겹게 엄마 젖을 빨고 자란 아이가 시련의 순간이 왔을 때에도 자신의 힘과 의지로 이겨내기 위해 노력할 것이라고 믿는다.

모유수유 초기에는 모유의 양이 적지 않을까 걱정을 하는 경우가 많고, 실제로 이러한 걱정 때문에 혼합수유를 하거나 분유로 넘어가는 경우를 종종 보곤 한다. 아이에게 모유가 충분한지 판단할 수 있는 가장 좋은 방법은 소변 횟수를 점검하는 것이다. 하루 여덟 번 이상 소변을 본다면 아이에게 충분한 모유가 공급되고 있는 것이므로 걱정할 필요가 없다.

모든 노력에도 불구하고 모유가 부족하다고 생각되면 혼합수유를 생각할 게 아니라 먼저 젖 먹이는 자세가 잘못된 것은 아닌지 살펴보아야 한다. 올바른 수유자세는 아기의 몸이 엄마의 몸을 마주보게 한 후 아기의 입이 유두를 정면으로 물게 하고 유륜까지 깊이 물려야 한다. 직장생활을 하지 않고 매일 아이에게 젖을 빨릴 경우 대부분 모유는 부족하지 않다. 그래도 모유가 부족하다고 생각되면 모유를 늘리는 다양한 방법을 시도해 보는 것이 바람직하다. 부족한 모유를 늘리는 방법은 다음 장에서 자세히 소개하기로 한다.

직장생활하며 모유수유하기

엄마가 직장생활을 하며 모유수유를 한다는 것은 어지간한 고집이 아니면 사실 해내기 힘들다. 아내는 일찍부터 자신은 모유수유를 할 계획이며 이를 보장해 주었으면 좋겠다는 요구를 당당히 했고, 사무실에 따로 공간을 마련하여 커튼을 치고 젖을 짤 수 있는 공간을 보장받았다. 내가 전해들은 한 엄마는 은행원인데, 은행 다니면서 둘째 아이에게 모유수유를 하고 있다고 한다. 은행원 엄마는 첫째 아이의 경우 직장생활로 인해 두 달 만에 젖을 떼고 분유를 먹였는데 하루가 멀다하고 아파서 병원 다녔던 기억 때문에 둘째는 모유를 먹여야겠다고 다짐을 했고, 실제로 분유는 일절 먹이지 않고 모유만을 먹였다고 한다. 그래서인지 둘째 아이는 거의 병치레를 하지 않고 건강하다고 한다. 이렇듯 직장생활하며 모유수유를 하기 위해서는 엄마의 의지가 가장 중요하다. 어떤 상황에서도 모유수유를 성공시키겠다는 의지가 있어야만 직장생활을 하면서 모유수유를 성공할 수 있다. 또한 남편과 가족의 응원과 지지가 반드시 따라야 한다. 만약 분유 먹이기를 권하며 모유수유에 도움이 되지 않는 가족이나 친구가 있다면 모유수유를 하는 동안은 과감히 멀리해도 좋을 것이다.

직장생활을 하며 모유수유를 하는 엄마들에게 주위에서 곱지 않은 시선이 많은 것이 우리나라의 현실이다. 한편으론 대견해 하면서도 한편으론 모유수유에 따른 배려를 해주어야 하기 때문에 귀찮아하는 경향이 많다. 그래서 그 정도면 됐으니 그만 하라는 말과 함께 유난 떨지 말라는 말을 많이 듣는다. 이러한 모유수유에 대한 사회의 일천한 인식은 시급히 개선되어야겠지만, 그러한 잘못된 인식과 주위의 따가운 시선에도 아랑곳하지 않는 엄마의 고집이 필요하다. 자신의 신념을 지키는 것 외에도 주위 사람들에게 모유의 장점을 적극적으로 설명하는 노력이 필요하다. 모유수유의 장점을 인식한 사람들은 당연히 모유수유를 하는 엄마를 배려해주는 자세를 갖게 될 것이다.

직장생활하며 모유수유에 성공하기 위해서는 모유에 대한 정확한 정보를 바탕으로 모유수유를 체계적으로 진행해야 한다. 모유를 짜내는 법, 모유를 보관하는 법, 모유를 녹이는 법 그리고 엄마와 떨어져 있을 때의 수유법 등을 자세히 알아야 한다.

먼저 모유를 짜내는 방법을 잘 알아야 한다. 시중에는 휴대용 유축기 제품이 나와 있다. 그런데 전동 유축기가 있다는 사실을 몰라서 수동 유축기를 사용하느라 고생한 이들을 주변에서 자주 보게 되는데, 익숙해지기만 한다면 전동 유축기를 사용하는 것이 훨씬 좋다. 전동 유축기는 건전지를 이용하거나 직접 전원에 연결해서 사용할 수 있어 편리하다. 유축기는 항상 깨끗이 소독하여 관리해야 하며, 직장에서 계속 사용할 경우 모유가 직접 닿는 부분은 깨끗이 씻은 후 말려서 사용하면 된다. 유축기의 사용은 직장생활의 패턴에 맞게 조절하면 좋다. 이를 위해서 회사가기 전의 수유시간을 직장생활하며 젖 짜는 패턴에 맞게 조절하는 것도 좋은 방법이다. 처음 유축기를 사용하면 많은 산모들이 고통을 호소한다. 아이는 엄마 젖을 부드러운 입으로 빨아먹지만, 유축기는 강제적인 압력으로 짜내기 때문에 민감한 유두에 상당한 자극이 된다. 유축기로 짜낼 경우 견딜 수 없게 아프다면 손으로 젖을 짜는 것을 병행해도 좋다. 아내의 경우 유축기 사용을 몹시 힘들어했고 일정한 시기 동안에는 손으로만 젖을 짰다. 그리고 유두가 일정 정도 적응된 후에는 무리 없이 전동 유축기로 젖을 짜낼 수 있었다.

그런데 아이가 젖을 직접 빨 때와는 달리 짜내는 양이 부족할 수가 있다. 우리가 아이에게 동냥젖을 먹였던 이유도 이러한 이유 때문이었다. 짜내기에 충분치 못한 양이라면 젖의 양을 늘리기 위한 다양한 방법을 시도해 보는 게 좋다. 먼저 아이가 많이 빨수록 모유의 양은 늘어나므로 수유의 횟수를 늘려보는 것이 좋다. 그리고 수유시 양쪽 젖을 모두 비워주어야 한다. 이때 수유의 방법은 처음에 오른쪽 젖을 충분히 다 먹이고 왼쪽 젖을 먹였으면, 다음 수유시에는 왼쪽 젖을 먼저 먹여서 완전히 젖을 비워준 후 오른쪽 젖을 먹이는 방식이어야 한다. 그래야 새롭게 모유가 잘 생성돼서 모유의 분비량을 늘릴 수 있다. 또한 모유의 양을 늘리기 위해서는 충분한 휴식을 취해야 하며, 가슴을 마사지하거나 수유 전에 뜨거운 찜질 또는 가운데 손가락으로 유두의 끝을 자극하는 것도 좋다. 젖이 잘 나올 때까지 아기가 한쪽 젖을 먹는 동안 다른 쪽 유두를 계속 자극하는 것도 도움이 된다.

음식물 섭취에도 주의를 해야 한다. 지방이 많은 고기류를 자주 먹는 것은 모유양을 감소시킬 수 있으므로 주의해야 하고, 엿기름이 든 음식이나 너무 단 것도 좋지 않다. 채소와 과일을 많이 먹고 충분한 수분을 섭취하는 것이 좋다. 무엇보다도 수분을 충분히 섭취해야 한다. 하루에 물 2ℓ정도를 계속해서 먹는 게 좋다. 어떤 엄마는 파트 타임 근무를 하며 아이에게 젖을 먹였는데, 젖 짜는 양이 부족하다고 느끼는 순간부터 매일 우유 1ℓ를 먹으면서 모유수유를 계속했다고 한다.

이러한 노력에도 불구하고 짜내서 먹이는 모유의 양이 절대적으로 부족하더라도 역시 혼합수유를 하는 것은 바람직하지 않다. 혼합수유는 모유수유를 실패로 이끌고 분유의 단점을 그대로 드러낸다는 점을 명심해야 한다. 절대적으로 양이 부족할 경우에는 우리처럼 주위의 도움을 받는 것도 좋은 방법이다. 이를 위해서 모유수유를 하는 엄마들 간의 교류를 활발히 해둔다면, 모유수유뿐 아니라 아이 키우는 정보를 나눌 수도 있어 많은 도움을 받을 수 있다.

　직장에서 짠 모유는 잘 보관해야 한다. 젖을 보관하기 위한 용기는 비닐팩, 병, 컵 등 여러 종류가 있는데, 장기 보관을 위해서는 비닐팩을 사용하는 것이 좋다. 비닐팩은 유축기를 구입한 곳에서 구입할 수 있다. 신선한 모유는 냉장고(4℃)에서 72시간까지 보관이 가능하며, 냉동 모유는 2개월 정도까지 보관이 가능하다. 극저온에 저장할 경우 6개월까지도 가능하다. 그러나 모유는 아이의 성장에 맞는 성분이 때맞춰 나오므로 시기가 많이 지난 모유를 먹이는 것은 바람직하지 않다. 냉동 상태에 있다가 녹인 모유는 냉장고에서 24시간까지 보관할 수 있다. 그러나 한 번 녹인 젖은 절대로 다시 냉동 보관해서는 안 된다.

　짜내는 젖이 충분하다면 그때그때 짜내서 냉장 보관하고 이를 그 다음 날 먹이면 된다. 냉동 보관이 필요할 경우 모유는 액체이므로 용기에 가득 채우지 말아야 한다. 모유 모음 비닐팩을 사용할 때에는 저장하기 전에 윗부분을 잘 밀봉해야 하는데, 모유 모음팩은 쉽게 비틀어 밀폐시킬 수 있게 되어 있어 보관이 용이하다. 비닐팩을 사용할 경우 겉에 젖을 짜낸 날짜와 양을 반드시 표시해 두어야 한다. 그래야 보관 기간과 수유량을 고려하여 아이에게 먹이기 용이하다. 한 번에 냉동시키는 양은 1회 수유시 아이의 수유량에 맞게 보관하는 것이 좋다. 한 개의 모유 모음팩에 하루에 짠 젖을 계속해서 모을 수 있다. 저녁 시간까지는 냉장고에 시원하게 보관한 후, 적당량을 냉동시키면 된다. 이미 냉동 상태에 있는 모유에다 시원하게 냉장 보존된 모유를 합하여 냉동시켜도 문제는 없다. 그러나 새롭게 더해진 모유는 이미 냉동된 모유보다 양이 적어야 한다.

냉동된 모유를 녹이려면 아기에게 수유하기 전날 밤 냉장실에 넣어둔다. 얼어 있던 모유가 냉장실에서 녹는 데는 12시간 정도가 소요된다. 시간이 없을 경우 따뜻한 물을 흐르게 하거나, 따뜻한 물이 담겨 있는 용기 속에다 담가두면 잘 녹는다. 그러나 이때 뜨거운 물을 곧바로 사용하는 것은 좋지 않다. 뜨거운 온도에서는 모유 속의 면역성분이 파괴될 수 있기 때문이다. 그리고 절대로 전자렌지를 사용해서는 안 된다. 전자파의 사용은 모유의 성분을 변하게 할 수 있으며, 아기의 입에 화상을 입힐 우려가 있다. 시중에는 모유를 중탕해서 먹일 수 있는 제품이 나와 있으므로 이를 구입하여 사용하는 것도 좋은 방법이다.

모유를 녹일 경우 모유의 지방 성분은 분리되어 표면 위로 떠오르게 된다. 이는 별다른 문제가 없으며, 자연스럽게 용기를 빙빙 돌려 분리되었던 지방 성분이 섞이게 한 후 수유를 하면 된다. 한 번 아이에게 수유를 했던 젖은 바로 먹일 것이 아니라면 아까워하지 말고 버려야 한다.

모유를 먹는 아이들이 얼마를 먹는지 엄마들이 알아채는 것은 쉽지 않다. 분유를 먹이는 아이들은 처음부터 젖병의 눈금을 보고 금방 짐작할 수 있지만, 엄마 젖을 얼마나 아이가 빨아먹는지는 측정하기 어렵기 때문이다. 엄마 젖을 빨던 아이의 수유량은 대체로 다음 수치를 참고하면 된다. 하루 24시간을 기준으로 3.6kg은 600cc, 4.0kg은 720cc, 5.0kg은 860cc, 5.5kg은 960cc, 7.2kg은 1300cc이다. 월령별 1회 수유량으로 보면, 0~2개월은 1회에 60~150cc, 2~4개월은 120~180cc, 4~6개월 150~210cc이다. 그러나 이 수치들은 어디까지나 참고사항일 뿐 실제로 아이에게 수유를 하다보면 아이에게 적당한 수유량을 쉽게 파악할 수 있다.

젖병으로 수유시 주의할 점은 수유하는 이가 반드시 아이를 포근히 안고 먹여야 한다는 점이다. 50~60년대 미국에서는 스스로 젖병을 물고 있는 아이의 모습이 광고에 나오면서 한참 유행을 탄 적이 있었다. 혼자 젖을 빨고 있는 예쁜 아이의 모습은 독립심을 고취시킨다는 목적 아래 장려되었다. 그러나 십수 년 후 감옥에 수감되어 있는 청소년을 대상으로 조사하던 중 그렇게 젖을 먹었던 아이들의 범죄율이 상상을 초월할 만큼 높다는 것이 밝혀지면서 세상을 놀라게 했다. 특히 분유를 먹는 아이들의 경우 젖을 혼자서 빨게 하는 것은 심각한 문제라고 밝혀졌다. 아이는 젖을 먹여주는 이에게 푹 안겨서 눈을 마주치고, 사랑을 느끼며 먹어야 한다. 그렇지 않을 경우 정서적인 안정에 문제가 생길 수도 있다.

직장에 다니면서 모유수유를 성공적으로 진행하기 위해서는 직장 복귀 2주 전부터 젖을 짜고, 젖병으로 먹이는 연습을 하는 게 좋다. 특히 아기를 돌보아 줄 사람과 함께 일주일 동안은 같이 아기 보는 시간을 가져야 한다. 그 시간 동안 냉동 모유를 녹이고 데워 먹이는 방법을 교육시키고, 아기 돌보는 방법과 어떻게 놀아주는지를 관찰하면서 서로 적응하는 시간을 가지는 것이 좋다. 아기 돌보는 사람에게 모유수유의 중요성과 필요성에 대해 꼭 인식시키고, 특히 퇴근 2시간 전에는 아무것도 먹이지 않도록 하여 아이가 엄마와 만나 엄마 젖을 충분히 빨도록 준비시키는 것이 중요하다.

직장에 다니면서도 엄마가 모유수유를 성공적으로 하기 위해서는 직장의 분위기가 매우 중요하다. 특히 사업주가 모유수유를 극히 싫어할 경우 상당한 난관에 부닥칠 수 있다. 사업주들은 여성이 모유수유를 하면 그만큼 직장생활에 소홀해져 손해가 된다고 생각한다. 그러나 조금만 생각해보면 모유수유가 보장된 직장이 갖는 긍정적인 점도 많다. '젖 먹이는 엄마에게 친근한 직장'이라는 이미지는 먼저 여성의 이직률을 떨어뜨리게 되고, 모유수유가 보장되므로 육아휴직 신청률이 낮아진다. 또한 아기의 질병과 관련된 결근의 감소로 인해 생산성 향상 효과도 있다. 미국의 어느 사업주가 2년 동안 직원들의 의료비를 조사한 결과 분유를 먹인 아이의 93%가 질병에 이환된 반면, 모유수유를 한 아이의 59%만이 질병에 이환된 것으로 나타난 보고가 있다. 결국 아기가 아파서 결근을 해야 하는 날이 많을수록 회사는 손해를 보게 되는 것이다. 따라서 직장의 사업주는 오히려 모유수유를 권장해야 한다. 이뿐 아니다. 모유수유를 하는 동료를 보며 모유수유와 여성에 대한 새로운 시각과 육아에 대한 윤리의식이 자리잡아 직장 전체의 윤리관을 높이는 효과를 가져올 것이다. 또한 직원들은 좋은 환경을 제공하는 회사에 대해 긍정적 이미지를 갖게 될 것이며, 사회적 인식도 좋아져 회사의 발전에 긍정적인 작용을 할 것으로 기대된다. 무엇보다도 훌륭한 여성인력의 확보 측면에서 바람직하다. 모유수유를 격려하고 보장하는 회사라면 누구나 가고 싶은 회사로 인식할 것이고, 이로 인해 훌륭한 여성인재들을 많이 확보할 수 있을 것이다.

모유수유는 최고의 다이어트 프로그램

모유수유를 하며 젖이 부족한 것 때문에 고생하기도 했지만 주변의 편견과 간섭도 힘겨움을 가중시켰다. 정말 많은 이들이 '그렇게까지 모유수유를 할 필요가 있느냐'고 묻곤 했다. 6개월이 지나자 '그 정도면 됐으니 이제 그만해라'라는 말도 많았다. 그러나 이런저런 이유와 상황을 들며 모유수유를 계속하는 것에 대해 한마디씩 하던 이들이 정말 모유수유가 좋구나 하고 감탄한 것이 있었으니, 그것은 다름 아닌 아내의 날씬해진 몸매 때문이었다.

아내는 임신 전에는 50kg대에 있던 몸무게가 출산 직전 80kg이 넘을 정도로 몸이 불어났다. 출산을 한 달 앞두고는 혈압이 180을 넘어서면서 상당한 위험에 직면하기까지 했다. 그런데 현재 아내의 몸매는 결혼 전보다 날씬해졌고 몸무게도 임신 전보다 빠졌으며 아줌마들의 상징이라는 뱃살도 거의 없는 상태다. 예전의 옷들이 헐렁해져서 전부 줄이는 바람에 많은 돈이 들기까지 했다.

주변의 엄마들보다 눈에 띄게 날씬해진 몸매는 말없이 모유수유의 장점을 많은 이들에게 인식시켰다. 임신을 하면 대부분의 임산부들의 몸무게가 많이 늘어난다. 정도에 따라 다르긴 하지만 대략 14kg 정도가 늘어난다고 한다. 양수와 아이 무게를 제외하면 대략 7~8kg이 늘어나는데, 이는 몸속에 지방이 축적되기 때문이다. 축적된 지방은 모유수유를 가능케 하는 원천이다. 모유는 엄마 몸속에 쌓인 지방 등이 녹아서 만들어진다. 임산부들이 살이 찌는 것은 아이가 태어난 직후 자신이

먹을 것을 엄마 몸속에 축적해 놓기 때문이며, 엄마 몸 또한 아이에게 먹일 것을
스스로 준비하기 때문이다. 그런데 모유수유를 하지 않으면 쌓였던 지방이 고스란
히 몸속에 남아 어지간한 운동으로도 빠지지 않는 몸의 일부가 되어 아줌마의 상징
으로 자리잡게 된다. 임신 기간 중에 찐 살을 빼는 가장 효과적인 방법은 모유를
먹이는 것이며, 그것도 최대한 오래 먹여야 한다는 것은 의심의 여지가 없다. 아이
건강에도 좋고 엄마 미용에도 좋으니 일석이조라 할 만하다.

그런데 아내의 경우를 보면 모유수유를 하면서 살이 빠지는 이유가 단지 지방질
이 분해되어 모유가 되기 때문만은 아닌 것 같다. 임신 기간 중 불어난 몸무게를
빼는 데는 출산 후 약 3개월까지가 무척 중요하다고 하는데, 이 시기는 아이가 백일
이 되는 시기와 정확히 일치한다. 아이에 따라 다르긴 하지만 대부분 백일이 되기
까지 엄마들은 고생을 무척 많이 한다. 특히 모유수유를 할 경우 그 힘겨움은 상상
을 초월한다. 밤에도 끊임없이 젖을 찾는 바람에 잠도 못 자고, 아이가 젖을 찾으면
편히 쉬고 싶어도 쉬지를 못한다. 백일까지 아이는 자주 엄마 젖을 찾고 이는 엄마
에겐 육체적인 부담으로 이어진다. 그런데 이렇게 엄마의 몸이 피곤한 것이 바로
살이 빠지는 원인인 듯싶다. 물론 살을 빼기 위해 힘든 집안일을 해서는 안 되며,
집안일은 최대한 남편이 담당해 주어야 할 것이다. 모유수유 과정에서 발생하는
신체적 접촉이 아이에게는 물론 엄마에게도 피부 마사지 효과를 주는데, 이 또한
엄마 몸을 아름답게 하는 데 도움이 되지 않을까 싶다.

아내의 주변 사람들 중에 모유수유를 하겠다고 결심하는 이들이 늘고 있는데,
이는 아내가 직장을 다니면서도 모유수유를 할 수 있다는 가능성을 보여준데다가
아내의 날씬해진 몸매까지 한몫한 덕분인 듯하다. 모유수유를 하면 날씬해지는 것

이 단지 아내만의 현상은 아닌 듯 보인다. 내가 아는 모유수유를 하는 엄마들이 대부분 날씬한 몸매로 돌아가 있는 것을 보면 모유수유가 최고의 다이어트 프로그램이며, 가장 싸고, 몸에도 유익한 다이어트 제품임이 틀림없다. 값비싼 다이어트 약품보다, 몇 달 동안 제대로 먹지 못하고 굶는 것보다 훨씬 효과 만점의 프로그램이 바로 모유수유이다. 물론 후유증도 전혀 없다. 이처럼 모유수유는 아이에게만 좋은 것이 아니라 엄마에게도 큰 도움이 된다. 엄마의 건강하고 아름다운 삶을 위해서라도 모유수유는 반드시 해야 할 것이다.

소는 소젖을, 사람은 엄마 젖을

많은 이들이 모유수유의 장점을 알고 있음에도 불구하고 실패하는 가장 큰 이유는 무엇일까? 물론 여러 가지 이유가 있겠지만, 아마도 그 첫 출발은 잘못된 출산 문화에서 비롯된 게 아닌가 싶다. 높은 제왕절개 수술률이 그 단적인 예이다. 제왕절개 수술을 할 경우 진통과정이 그만큼 생략된다. 그런데 진통과정에서 분비되는 '옥시토신'은 모유수유시 분비되는 효소와 동일하다. 즉, 충분한 진통과정을 겪어야만 모유수유가 원만하게 이루어질 수 있다는 말이다. 높은 제왕절개율은 자연히 낮은 모유수유율로 이어진다.

제왕절개 수술만이 문제는 아니다. 제왕절개 수술을 했다고 해도 노력만 한다면 모유수유는 가능하다. 문제는 대부분의 병원에서 출산 후 바로 엄마 젖을 물리게 하지 않으며, 모자동실을 허락하지 않고 있다는 점이다. 출산 직후 바로 엄마 젖을 물고, 계속해서 빨아주어야 모유수유가 원만하게 이루어질 수 있다는 점을 감안하면 모자동실의 부재는 모유수유율을 떨어뜨리는 중대한 이유이다.

모유수유는 반드시 해야 한다. 불가피한 상황이 아니라면 모유수유는 반드시 하겠다는 의지를 가지고 시도해야 한다. 사회 환경과 분만 환경도 물론 바뀌어야 한다. 모유수유가 보장되지 않는 사회는 비인간적인 사회이며, 인성이 파괴된 사회라고 믿는다. 그러나 우리 사회는 엄마가 젖을 먹이려는 생각이 있어도 그런 여건을 만들어주지 못한다. 특히 직장생활을 하는 엄마들은 대부분 모유수유를 하더라도 중도에 포기하고 만다. 모유수유를 하는 이에게 쏟아지는 따가운 시선은 물론 직장

탁아시설도 빈약한 상황에서 직장 다니는 엄마들이 모유수유를 병행하는 것은 어지간한 결심이 아니면 힘겨운 일이 되고 있다.

광고의 부정적 영향도 심각하다. 1981년 세계보건기구(WHO)에서는 140여 개 국가의 대표가 모여 모유대체식품의 광고를 금지하기로 결정했다. 모유대체식품이란 분유, 이유식, 유아식 등을 포함한다고 용어 정의까지 내렸다. 모유수유의 중요성이 광고로 훼손되지 않게 하기 위함이다. 이후 세계 각국에서 모유대체식품의 광고를 금지하는 법을 제정하였고, 광고는 사라지게 되었다. 그런데 1991년에 제정된 우리나라의 광고금지법에서는 분유 광고만 금지하고 이유식 등의 광고는 허용함으로써 실제 광고금지 효과를 전혀 보지 못하고 있는 실정이다. 이런 상황에서 분유회사는 겉으로는 이유식 광고이지만, 실제로는 분유광고에 천문학적인 액수를 쏟아 붓고 있으며 이는 모유수유율을 떨어뜨리는 직접적인 원인으로 작용하고 있다.

모유에 대한 편협하고 잘못된 인식, 모유수유 방법에 대한 부정확한 이해 등도 모유수유율을 떨어뜨리는 데 일조하고 있다. 모유수유를 하는 대부분의 엄마들은 주변에서 한두 번쯤 '(모유는) 이제 그만 먹여라'는 권고를 받은 경험이 있을 것이다. 그러한 권고에는 꼭 모유가 이러저러한 점이 안 좋고 분유 먹이면 엄마랑 아기도 편한데 왜 모유를 고집하느냐는 그럴듯한 근거들이 곁들여지곤 한다. 그러한 권고를 특히 가까운 웃어른이나 직장 상사에게 들었을 경우 이를 이겨내고 모유수유를 지속한다는 건 어지간한 고집이 없으면 힘들다.

모유수유 방법을 몰라 실패하거나 어려움을 겪는 경우도 많다. 특히 직장을 다니면서도 모유수유가 가능하다는 것을 몰라 출산휴가의 종료와 동시에 젖을 끊고 분유를 먹이는 경우가 허다하다. 처음에 모유를 두 달만 먹이겠다고 목표를 잡았던 것도 아내가 출근하면 모유수유가 불가능할 줄 알았기 때문이다. 젖을 얼려서 보관할 수 있다는 사실을 알았을 때 귀가 번쩍 뜨였던 것도 그 때문이었다. 일반인뿐만 아니라 의료인들도 모유수유에 대해 정확히 알고 있지 않은 것 같다. 인터넷으로 소아과 상담을 하는 유명한 분의 인터뷰를 어느 잡지에서 읽은 적이 있었는데, 거기에 '이유식은 꼭 4개월 이후에 할 것을 권유한다'는 내용을 읽은 뒤 고개를 갸우뚱할 수밖에 없었다. 모유수유를 할 경우 이유식은 6개월이 지난 뒤에 해도 늦지 않다고 알고 있었기 때문이다. 솔직히 유명한 의사 선생님이 그런 말을 했다는 것이 당황스러웠다.

이런 점을 볼 때 모유수유에 대한 정확한 정보를 제공하는 것뿐 아니라 실제 모유수유 과정을 성공적으로 이끌어주는 전문가가 많아야 한다는 생각이 들었다. 젖 먹이는 자세도 제대로 가르쳐주고, 젖몸살도 효과적으로 관리해주며, 모유수유 과정에서 겪는 다양한 문제들에 대한 대처법을 알려줄 전문가가 우리 주변에 많이 늘어나야 모유수유율도 높아질 수 있을 것이다. 소아과에 근무하는 아내는 이러한 필요성을 인식해서인지 모유수유 전문가 과정을 준비중이다.

우리가 아이를 출산한 조산원이 개원한 지 일 년이 되는 기념잔치를 열던 2001년 5월 어느 날이었다. 조산원에서 준비한 음식을 먹으며 주변 공원에서 조촐하게 개원잔치를 했다. 참가자들은 그동안 조산원에서 출산한 산모와 남편 그리고 아이들이었다. 행사는 화기애애하게 진행되었다. 가장 나이 많은 산모, 가장 어린 산모가 소개되었고, 가장 적은 몸무게의 아이를 출산한 부부와 가장 몸무게가 많이 나가는 아이를 출산한 우리 부부도 소개되었다.

그 중 간신히 2kg이 넘는 아이를 조산원에서 낳은 후 인큐베이터에 아이를 두다가 도저히 두고 볼 수 없어서 주변의 만류를 뿌리치고 엄마 젖을 먹여 키운 이야기는 가슴 뭉클한 감동을 안겨주기도 했다. 2kg이 간신히 넘어서 태어난 아이는 그때 당시 9kg의 튼튼한 아이로 성장해 있었다. 한참을 잔잔하고 재밌게 행사가 진행되던 중 진풍경이 벌어졌다. 수십 명의 엄마들이 일제히 아이에게 젖을 물린 것이다. 함께하고 있던 사람들에겐 낯선 풍경이 아니었지만, 근처 공원에 있던 사람들에겐 상당히 이색적인 광경이었던지 주변의 시선이 집중되는 것을 확연히 느낄 수 있었다. 그러나 거기에 있던 어떤 엄마도 그 시선에 아랑곳하지 않고 젖을 물리고 있었다.

개원잔치에 참여한 엄마들이 원래부터 모유수유를 고집했던 이들은 아니었다. 그러한 진풍경을 가능케 했던 것은 조산원이 있었기 때문이었다. 조산원과의 인연이 없었다면, 우리 또한 공원 한복판에서 주변의 시선에 아랑곳하지 않고 젖을 먹이는 일은 없었을 것이며, 모유수유 또한 고집스럽게 하지 않았을 것이다.

우리 아이는 두 돌이 가까워지지만 젖을 떼지 않고 있다. 나도 네 살까지 젖을 빨았다고 하는데, 이러다 아이가 네 살까지 엄마 젖을 빠는 건 아닌지 걱정스럽기까지 하다. 아이가 돌이 갓 지났을 때 아내가 3교대 근무로 복귀하면서 젖을 먹이기 더 어려워졌음에도 불구하고 모유수유는 계속되었다. 예전에 비해 빠는 횟수도 줄고 다른 것을 충분히 먹고 직접 엄마 젖을 빨리지 않아도 되는 상황이었기 때문에 우리는 굳이 젖을 떼지 않았다. 밤에 근무하는 날이면 부족한 젖은 산양유를 통해서 보충을 했다. 산양유는 엄마 젖과 가까워 일반 시판 우유보다 아이에게 좋다고 한다. 물론 산양유는 아이가 이를 충분히 받아들일 수 있는 시기에 먹여야 하고, 엄마와 함께 있는 시간에는 당연히 엄마 젖을 빨려야 한다.

젖을 물린 아내는 사랑스런 눈으로 아이를 쳐다보고 등을 토닥여준다. 아이는 온몸을 들썩이고 땀을 뻘뻘 흘리며 젖을 빤다. 어느 정도 젖을 빨면 아이는 입 주변에 젖을 잔뜩 묻힌 채 엄마 얼굴을 한 번 쳐다보고는 환하게 웃고 나서 다시 엄마 젖을 열심히 빤다. 이때 아이의 한 손은 빨지 않는 엄마 젖을 열심히 만지고, 아내는 가끔씩 꼬집는 아이의 손을 말리며 노래도 불러주고, 사랑한다는 얘기도 계속해서 해준다. 가끔씩 엄마가 젖 먹이기 힘들다며 옷을 내리고 멀어지면 아이는 엄마 품으로 파고들어 옷을 젖히고 젖을 찾아 들어온다. 그럴 때면 엄마는 잠시 반항(?)해보지만 이내 아이에게 굴복하여 젖을 물리고 만다. 엄마와 아이가 젖을 먹는 중간 중간 아빠는 계속해서 시중을 들어야 한다. 물도 떠 주고, 자세도 잡아주고, 아이의 땀도 닦아주어야 한다.

젖 먹이는 엄마와 젖 빠는 아이 그리고 옆에서 지켜보며 시중드는 아빠의 모습을 상상해 보라! 인생에서 이보다 편안하고 행복한 순간이 있을 수 있을까? 송아지는 엄마소의 젖을 빨 때 가장 행복하고, 아이는 엄마 젖을 빨 때 가장 행복하다. 소젖은 소에게 돌려주고 우리 아이들에게는 엄마 젖을 먹여야 한다.

약속2-1

모유수유 성공을 위해 남편이 지켜야 할 열 가지

엄마의 의지와 인내심이 모유수유의 성공여부에 가장 중요하다는 것은 두말할 나위 없다. 그러나 우리 사회와 같이 열악하다 못해 모유수유에 대해 적대적이라고 할 만한 환경 속에서 엄마가 모유수유를 계속하기란 어지간한 신념이 없는 한 참으로 힘든 상황이다. 그것이 모유수유율 10%라는 비극적인 통계로 나타나고 있는 것이다. 그렇기 때문에 주변의 지지, 특히 남편의 지지와 지원이 필요하다. 아내의 성공적인 모유수유를 위해 다음 열 가지를 지킨다면 당신의 아이는 자연이 준 최고의 음식을 마음껏 즐기면서 건강하고 안정적인 아이로 성장할 수 있을 것이다.

① 모유수유에 대해 함께 공부한다.

남편들이 가지고 있는 모유에 대한 인식이란 막연히 모유가 좋다거나, 초유는 꼭 먹여야 한다는 정도이다. 그러나 이 정도의 인식으로 아내의 모유수유를 적극적으로 지지하는 것은 불가능하다. 모유의 장점과 잘못된 편견에 대해 잘 알고 있어야 하며, 나아가 젖몸살과 젖 먹이는 자세, 직장생활하며 모유수유하는 방법 등 모유수유에 대한 많은 정보를 알고 있어야만 적극적인 모유수유 지지자가 될 수 있다. 아내가 모유수유를 하지 않는다고 속으로 서운해 하지 말고 임신 때부터 아내와 함께 모유수유에 대해 공부하고 준비해야만 모유수유는 성공할 수 있다.

② 부부가 함께 모유수유를 다짐한다.

아내에게만 모유수유에 대한 결정을 맡겨두지 말고 출산을 준비하면서 함께 모유수유에 대해 이야기하고, 꼭 모유수유를 다짐하는 것이 좋다. 모유수유는 거의 전적으로 산모의 의지에 달려있다. 남편이 함께 모유수유를 다짐한다면 아내는 더욱 굳은 의지를 가지게 될 것이고, 이는 모유수유 과정에서 닥치는 어려움을 이겨낼 밑바탕이 될 것이다.

③ 모유수유를 보장하는 병원과 산후조리원을 찾는다.

모유수유 성공을 위해서는 분만과정과 분만 후 환경이 매우 중요하다. 그러나 많은 병원과 산후조리원은 모유수유를 할 수 있는 적극적인 환경을 제공하지 않고 있다. 따라서 보다 성공적인 모유수유를 위해서는 모유수유를 적극적으로 지지해 주는 병원과 산후조리원을 미리 알아두는 것이 좋다. 그리고 이러한 병원과 산후조리원을 찾는 데 남편이 그 역할을 한다면 더욱 좋을 것이다.

④ 아내의 젖몸살을 함께한다.

출산보다 힘겨운 것이 젖몸살이라고 한다. 젖몸살로 고생하는 아내 옆에서 젖몸살을 풀어주고 힘겨운 과정을 함께하는 것은 남편의 몫이다. 모유수유 성공을 위한 남편의 지지가 어느 때보다 필요한 순간이다.

⑤ 모유수유 초기 적응기에 아이 돌보는 일, 가사일을 최대한 담당한다.

모유수유를 하는 산모는 초기에 매우 힘들어한다. 밤낮 없이 젖을 빠는 아이 때문에 잠도 제대로 자지 못하고, 익숙하지 않은 자세 탓에 몸과 마음이 모두 지치게 된다. 따라서 모유수유 초기의 적응기에는 남편이 아이 돌보는 일이나 가사일에 보다 적극적으로 참여하고 최대한 많은 부분을 담당해 주어야 한다.

⑥ 주위의 모든 간섭을 적극 차단하고, 앞장서서 모유수유의 장점을 설파한다.

모유수유를 하다보면 알겠지만, 주위에서 온갖 눈치와 압력이 들어온다. 특히 아이가 아프거나 성장과 발달이 조금 늦는다 싶으면 모든 것이 모유 탓인 양 주위의 간섭이 쏟아져 들어온다. 모유에 대한 잘못된 정보를 근거로 하고 있는 이러한 간섭은 많은 엄마들을 힘들게 하고 실제로 모유수유를 포기하게 만든다. 특히 의료진의 권고는 이겨내기 힘든 경우가 많다. 이때 남편이 앞장서서 주위의 간섭을 물리치고 아내에게 용기를 북돋아주며, 나아가 주위에 모유수유의 장점과 필요성을 설파함으로써 간섭을 적극적으로 차단해나가야 한다.

모유수유를 하는 엄마들은 항상 많이 먹는다. 그럴 때 아내를 탓하지 말고 아내가 먹는 것을 곧 아이가 먹는다는 생각으로 아내를 지지해 주어야 한다. 그러나 이때 기름기 있는 음식이나 단 음식은 모유의 양을 줄일 수 있으므로 절대 피해야 한다.

⑧ 모유수유에 대해 걱정하는 아내를 적극 지지한다.

분유를 먹이는 경우 아이가 아프면 아이가 아파서 그런가보다 하지만 모유 먹이는 엄마들은 자신의 모유에 문제가 있지 않나 자책하는 경향이 강하다. 이럴 때 남편이 모유의 장점을 올바로 인식시켜 주고, 그러한 걱정은 전혀 사실 무근이라는 점을 항상 강조하며 아내를 지지해 주어야 한다.

⑨ 모유수유와 관련된 각종 정보를 계속 수집하여 아내에게 제공한다.

순탄하게 모유수유가 지속된다면 상관없지만, 모유수유 과정에서 여러 가지 예상치 못한 어려움을 겪는 경우가 많다. 그러한 어려움들을 극복하기 위해서는 선배들의 경험과 전문가들의 조언이 많은 도움이 된다. 따라서 모유수유와 관련된 각종 정보를 적극적으로 수집하여 이러한 어려움에 대처해나가는 것이 필요하다.

⑩ 아내가 날씬해지고 예뻐졌다고 항상 칭찬한다.

많은 산모들이 모유수유를 하면서 몸매에 대한 걱정을 한다. 그러나 거의 대부분 모유수유를 하면 날씬해진다. 남편은 모유수유를 하면 날씬해진다는 점을 항상 아내에게 이야기하고, 무엇보다 모유수유를 하는 당신의 모습이 세상에서 가장 아름다운 모습이라고 칭찬을 아끼지 말아야 한다.

모유수유 성공을 위해 엄마가 지켜야 할 열 가지

모유수유를 성공하느냐 실패하느냐는 거의 전적으로 엄마의 의지에 달려있다. 물론 아주 열악한 상황에 처할 수 있을지 모르나 그러한 상황조차도 굳은 의지로 이겨낼 수 있는 문제라는 것을 많은 사례들은 보여준다. 엄마 젖을 빨고 난 후의 아이 표정과 분유를 먹고 난 후의 아이 표정을 비교해 본 적이 있는가? 분유를 먹은 아이는 굶주림을 해결했다는 안도의 표정이지만, 엄마 젖을 먹고 난 아이의 표정은 세상에서 가장 사랑받고 있음을 확인한 절대 행복의 표정이다. 그 표정을 한 번이라도 비교해 본 적이 있다면 모유수유는 결코 포기할 수 없는 유혹이다.

① 모유수유에 대한 확신을 갖고 선택한다.

아이가 태어날 시기가 다가오면 분유와 모유 중 무엇을 먹일지 고민한다. 그러나 이러한 고민은 출발부터 잘못된 것이다. 당신의 아이에게 무엇을 먹일 것인가의 고민은 아래 다섯 가지 중 하나를 선택하는 문제여야 한다. (1)어떤 경우에도 모유만 먹인다. (2)모유를 먹이지만 어쩔 수 없는 경우 짜서 먹인다. (3)모유가 부족하면 얻어서 먹인다. (4)모유를 먹이지만 정말 어쩔 수 없는 경우 혼합수유를 한다. (5)분유만 먹인다. 그리고 당신의 선택은 (1)~(3) 사이에 있는 것이 바람직하며, 정말 어쩔 수 없는 경우 제한적으로 (4)번을 선택해야 한다.

② 모유수유를 위해서는 충분한 진통이 필요하다.

진통시 옥시토신 호르몬이 충분히 분비되어야만 모유수유의 성공가능성이 높아진다. 따라서 제왕절개를 하더라도 충분한 진통을 겪은 후에 수술을 하는 것이 모유수유 성공을 위해서 필요하다.

③ 태어나자마자 아이에게 젖을 빨린다.

갓 태어난 아이를 엄마 배 위에 올려놓으면 본능적으로 엄마 젖을 찾아서 움직인다고 한다. 태어나자마자 아이에게 젖을 물려야 젖이 빨리 돌고 제대로 모유수유를 할 수 있다. 이를 위해 출산 후 반드시 모자동실을 하는 게 좋다. 만약 모자동실이 허락되지 않는다면 숟가락으로 떠먹여 줄 것을 요구한다. 젖병은 쉽게 빨리기 때문에 아이가 나중에 엄마 젖을 빨려 하지 않는 경향이 높고, 또한 유두혼동을 일으켜 엄마 젖을 거부할 수도 있다. 숟가락으로 떠먹일 경우 모유수유 성공률이 훨씬 높다고 한다.

④ 젖을 자주 빨려야 양이 늘어난다.

모유수유의 가장 중요한 원칙 중 하나는 아이가 원하면 젖을 주는 것이다. 특별한 경우가 아니라면 시간을 정해서 젖을 주거나, 아이가 젖을 원하는데도 주지 않는 것은 좋지 않다. 부족하다 싶은 젖의 양을 늘리는 가장 좋은 방법 또한 최대한 자주 빨리는 것이다. 그보다 더 좋은 방법은 없다. 그럼에도 불구하고 문제가 있다면 가장 먼저 자세가 잘못된 게 아닌지 살펴야 한다.

⑤ 만 6개월까지 모유 이외의 것은 일체 먹이지 않는다.

모유는 자연이 인간에게 준 최고의 음식이라는 확신을 가져야 한다. 모유만 먹어도 아이는 6개월까지 영양적으로 아무런 부족함이 없을 뿐 아니라 수분도 충분해서 물을 먹일 필요도 없다. 모유에 대한 확고한 믿음을 갖고 6개월까지 모유 이외의 것은 일절 먹이지 않아야 한다. 그래도 모유가 부족하다는 생각이 들면 아이의 소변 횟수를 점검하면 된다. 하루 8번 이상 소변을 본다면 아이는 충분히 모유를 먹고 있는 것이다.

⑥ 혼합수유는 모유수유 실패의 지름길이다.

영양 부족이나 양의 부족함을 우려하여 혼합수유를 하는 경우가 종종 있는데 이는 모유수유 실패의 지름길이다. 정말 어쩔 수 없는 불가항력적인 상황이 아니라면 혼합수유는 하지 않아야 하며, 하더라도 최소화해야 한다.

⑦ 직장 다니며 모유수유를 하기 위한 훈련과 준비를 충실히 한다.

직장 다니면서 모유수유를 계속하기 위해서는 많은 준비가 필요하다. 젖을 충분히 짤 수 있게 훈련하고, 젖을 보관하는 방법 및 젖을 녹이고 먹이는 방법까지 충분히 훈련되어 있어야만 직장 다니면서도 성공적인 모유수유를 할 수 있다. 수유 보조용품이 시중에 많이 나와 있으므로 아이와 엄마에게 적당한 용품들을 미리 골라 두는 것이 좋다.

⑧ 직장에서 모유수유를 할 수 있는 환경을 보장받는다.

우리나라 대부분의 직장은 아직까지도 모성 보호를 불필요한 비용의 낭비로 여기는 실정이다. 그렇다보니 많은 엄마들이 직장에 복귀하면서 모유수유를 중단하는 경향이 있다. 우리 또한 모유의 장점과 모유수유 방법에 대한 지식이 없었을 때에는 출산휴가 기간 중에만 모유수유를 할 계획이었다. 직장 다니면서도 모유수유를 할 확고한 계획이 섰다면 직장 상사나 주변 동료들의 적극적인 이해와 협조를 구하고, 젖을 짤 수 있는 환경과 시간 그리고 업무 및 모임에서 확실히 배려받도록 한다. 이때 직장 동료들에게 고마워할 필요는 있지만 미안해 할 필요는 없다. 왜냐하면 모성은 당연히 보호받아야 할 권리이기 때문이다.

⑨ 모유수유에 대해 궁금한 점을 물어볼 수 있는 사람이나 홈페이지, 동호회 등을 반드시 알아둔다.

사회 전반에 모유수유에 대한 잘못된 인식이 퍼져 있는 상황에서 올바른 모유수유 정보를 얻는 것은 어려운 일이다. 모유수유 과정 중 어려움에 처하거나 궁금한 점이 있으면 자문을 구할 수 있는 사람이나 모임을 알아두는 것도 모유수유 성공을 위해 많은 도움이 될 것이다.

⑩ 모유수유는 아이가 원할 때까지 계속하며, 강제로 끊지 않는다.

모유는 아이가 원할 때, 원하는 만큼 주는 것이 원칙이다. 특히 모유를 강제로 끊는 경우가 있는데, 이는 좋지 않은 결과를 낳을 수 있다. 세계보건기구는 24개월을 장려하고 있는데 이는 단순히 영양적인 측면을 넘어 정서적 안정에 모유수유가 중요하다고 인정하기 때문이다. 아이의 인지력이 성장한 24개월 이후에 젖을 끊는 것은 아이를 납득시킬 수 있기 때문에 그 이전보다 상대적으로 젖 끊기가 쉬우며, 아이 또한 성취감을 느끼며 젖을 끊을 수 있다. 또한 젖몸살의 강도도 약해지는 등 엄마의 몸에도 무리가 가지 않는다.

환경과 아이를 위한 천 기저귀 사용

쉽지 않은 천 기저귀 사용

 출산이 얼마 남지 않았을 때 아내의 친구이자 내 후배가 천 기저귀 스무 개를 가지고 우리 집을 방문했다. 우리가 천 기저귀를 쓰겠다는 말을 듣고 온 것이다. 후배는 천 기저귀를 사용하는 일이 만만치 않을 거라고 입을 뗀 후 자신의 경험담을 들려주었다. 천 기저귀 사용을 결심한 후배는 처음엔 의욕적으로 기저귀를 빨고 정리했다고 한다. 그런데 아이 돌보는 일이 가중되면서 기저귀 빨래가 크나큰 부담으로 다가왔고, 빨래로 인해 몸이 몹시 피로했다고 한다. 그래도 아이에게 좋은 천 기저귀를 꿋꿋하게 사용했지만, 몇 개월 사용 후 결국엔 포기하는 게 아이를 위해서도 오히려 좋겠다는 생각이 들었다고 한다.

자신의 경험담을 들려준 후 후배는 천 기저귀 사용이 너무 힘들면 고집하지 않는 것이 오히려 좋을 거라는 충고도 덧붙였다. 그런데 후배가 천 기저귀를 계속 쓰지 못한 건 그럴 만한 이유가 있어 보였다. 후배의 남편은 일찍 출근해서 늦게 집에 돌아오기 때문에 피곤한 몸을 이끌고 기저귀 빨래나 기타 집안일을 도와주는 게 힘겨운 상황이었다. 남편의 도움을 제대로 받을 수 없는 상황에서 천 기저귀를 사용할 경우 소요되는 많은 일들을 감당하기에 아이 키우는 엄마의 부담은 사실 너무나 크다. 천 기저귀를 쓰기 위해서는 남편의 역할이 꼭 필요해 보였다. 생각이 여기에 이르자 나는 "기저귀 빠는 것은 내가 하겠다"는 의사를 피력했다. 아내는 기쁜 표정으로 흔쾌히 동의를 했고, 같이 있던 후배도 잘해 보라며 격려를 아끼지 않았다.

출산예정일이 가까워지면서 우리는 후배가 준 천 기저귀를 삶아 빤 후 보송보송하게 말려서 가지런히 정리를 했다. 함께 기저귀를 널며 행복한 상상을 하기도 했고, 조금 번거롭다는 생각도 했다. 생각보다 일이 많을 수 있다는 사실을 어렴풋이 깨닫기도 했다. 이런저런 생각에도 불구하고 깨끗하게 빨아서 깔끔하게 정돈된 천 기저귀를 보니 이제 준비가 끝났다는 흐뭇한 마음이 들었다.

출산 후 조산원에서 몸조리를 할 때는 조산원에서 제공하는 천 기저귀를 사용했다. 조산원에 머문 일주일 동안 천 기저귀 접는 법, 채우는 법, 소변 기저귀와 똥 기저귀 가는 법을 배웠다. 빨래는 조산원에서 해주었기 때문에 직접 해볼 기회는 없었다. 조산원에서 몸조리를 마치고 미리 준비한 천 기저귀를 채운 후 뿌듯한 마음으로 집으로 돌아왔다. 보송보송한 천 기저귀를 만지면서 아주 행복해 했다.

조산원에서 집으로 돌아오는 날 서울에 사는 아이의 이모가 몸조리를 도와주러 왔다. 이런저런 음식을 만들고, 기저귀 빠는 법도 가르쳐 주었다. 기저귀 빠는 것은 내 몫이었으므로 열심히 배웠다. 똥 기저귀와 소변 기저귀를 따로 모아서 똥 기저귀는 매일 삶고, 소변 기저귀는 그냥 손빨래를 하며, 일주일 간격으로 모두 삶아 주라고 했다. 아이의 이모가 기저귀 빨래까지 다 해놓고 간 후 흐뭇한 마음으로 아이와 집에서 첫날밤을 맞이했다. 그러나 그날 밤 우리는 우리의 준비상태가 얼마나 허술하고 엉망이었는지 철저하게 깨닫게 되었다. 그야말로 공포스러운 밤이었다. 환경이 바뀌어서인지 잠들지 않고 보채던 아이는 쉴새없이 대소변을 보았다. 우리가 준비한 스무 장의 기저귀는 하룻밤의 대소변을 받아내기에도 턱없이 부족했다. 새벽녘이 다가오자 천 기저귀는 떨어졌고, 할 수 없이 신혼 초에 장난꾸러기 후배가 너무 앞서서 사다준 종이 기저귀가 있어 그걸 채울 수밖에 없었다. 그나마 없었다면 정말 큰일날 뻔했던 걸 생각하면 지금도 그 후배의 선견지명에 감사하곤 한다.

'많이 쓰면 하루에 스무 장도 쓴다'라는 말을 무심코 흘려들었는데, 바로 그 일이 우리에게 닥친 것이다. 모유수유를 하는 아이들은 대소변을 자주 보기 때문에 많은 기저귀가 필요하다고 듣긴 했지만, 이건 상상 이상이었다. 새벽녘에 일어나 기저귀를 빨고 다리미로 정성스럽게 말렸다. 날이 밝자마자 스무 장의 천 기저귀를 추가로 사와서 삶은 빨래를 했다. 세탁기에 돌린 후에는 바로 기저귀가 마를 때까지 다리미질을 했다. 힘들게 하나하나를 말리는 와중에도 아이의 대소변은 계속되었다. 물론 밤중보다는 덜했지만 기저귀가 준비되자마자 곧바로 소모되어 버렸다. 이미 준비되어 있던 기저귀와 새로 구입한 기저귀를 합쳐 모두 40장을 가지고 며칠 동안 계속해서 빨래를 해가며 겨우겨우 대소변을 받아낼 수 있었다.

그런데 자꾸 이슬이슬한 상황이 반복되었다. 문제는 마르는 속도였다. 아침저녁으로 빨아서 널었지만, 사용량이 30여 개에 이르자 마르는 속도가 소모되는 속도를 따라잡지 못한 것이다. 또다시 다리미로 다려서 기저귀를 쓰는 일이 생겼고, 우린 20개의 기저귀를 추가로 구입해야 했다. 그때서야 기저귀 사용이 여유로워졌다. 그러나 60개의 기저귀도 가끔씩 이슬이슬한 경우가 발생했다. 아이가 하루 40개 가까운 기저귀를 소모하는 날이 가끔 있었기 때문인데 그럴 때마다 도대체 저 많은 대소변이 어디에서 나오는지 궁금하기만 했다. 아이가 태어난 지 한 달이 넘어가자 아이의 대소변 횟수는 많이 줄어들었고, 그에 따라 기저귀 사용량도 줄어들면서 힘겹게 진행된 기저귀와의 전쟁은 일단락을 짓게 되었다.

물론 그렇다고 기저귀 빠는 일이 아주 손쉬워진 것은 아니었다. 아침저녁으로 계속해서 기저귀 빨래를 하는 것은 여전히 힘겨운 일이었다. 아내가 출산 후부터 손목이 좋지 않아서 아침저녁 빨래를 모두 내가 감당해야 했다. 출근 전에 부리나케 일어나도 기저귀 빨고 아이 목욕시키고 나면 밥 먹을 시간이 빠듯했다. 지친 몸으로 퇴근한 후에 이런저런 집안일에 덧붙여 기저귀 빨고, 널고, 정리하는 일까지 하는 것은 일이 익숙해진 뒤에도 그리 쉽지만은 않았다.

　기저귀 사용량이 절대적으로 감소한 3~4개월 이후부터는 하루에 한 번만 빨래를 해도 되었다. 돌이 가까워지면서 기저귀 개수는 아이 옷을 빨 때 몇 장이 더해지는 정도로 거의 부담 없는 수준이 되었다. 소변을 조금씩 가리기 시작한 18개월 이후에는 기저귀 빨래는 사라지고, 아이 옷 빨래만 남게 되었다.

천 기저귀를 쓰는 이유

 천 기저귀를 사용해야 하는 이유는 무엇보다 환경 때문이다. 한 명의 아이가 대소변을 가릴 때까지 소모하는 종이 기저귀 양은 적게는 3천 장에서 많게는 6천 장에 이른다고 하니, 그 환경적 피해를 가히 짐작할 수 있다. 아이 하나가 대소변을 가릴 때까지 숲 하나가 사라지고 있는 셈이다. 베어지는 나무는 물론 버려진 기저귀로 인한 쓰레기까지 감안하면 상당한 오염이다. 한 아이가 세상에 태어나 처음부터 숲 하나를 없애는 끔찍한 자연파괴를 하며 자라지 않기를 바란다면 당연히 천 기저귀를 사용해야 한다.

환경뿐 아니라 아이의 건강을 위해서도 천 기저귀를 사용해야 한다. 앞서 아이를 키웠던 육아 선배들에게 기저귀 발진 때문에 고생했던 이야기를 많이 들었다. 심하게 짓물러서 병원까지 다녀왔다는 엄마도 있었다.

그러나 우리 아이는 기저귀 발진을 경험한 적이 단 한 번도 없다. 주변을 봐도 천 기저귀를 사용하는 아이들의 경우 기저귀 발진은 정말 구경하기 힘들다. 항상 청결하고 기저귀 발진 없는 엉덩이가 건강한 생활을 보장하는 건 당연하다. 기저귀 발진뿐 아니다. 현재 소아과 병동에 근무하고 있는 아내의 말에 따르면 '요로' 감염으로 입원하는 아이들이 상당히 많다고 한다. 물론 여러 가지 이유가 있을 수 있겠으나 신체적으로 특별히 문제가 없는 아이들이 요로 감염에 많이 걸리는 것은 아무래도 종이 기저귀를 사용하면서 기저귀를 자주 갈아주지 않기 때문인 것으로 판단된다.

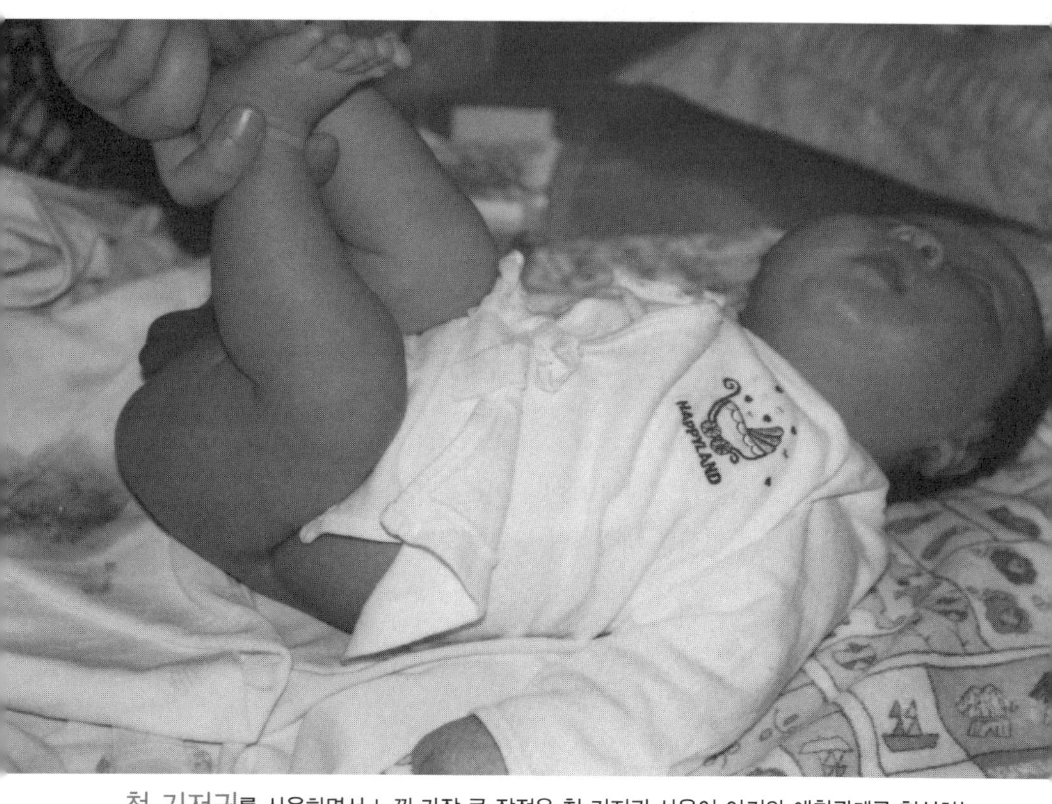

천 기저귀를 사용하면서 느낀 가장 큰 장점은 천 기저귀 사용이 아기와 애착관계를 형성하는 데 많은 도움을 준다는 사실이다.

천 기저귀를 사용하면 아이의 건강뿐 아니라 두뇌발달에도 도움이 된다. 순면이 주는 부드러운 느낌이 지속적으로 전해지기 때문에, 아이의 감각이 발달하고 이는 곧바로 두뇌발달로 이어진다. 대소변을 가리는 데도 천 기저귀 사용이 유리하다. 종이 기저귀에 소변을 보는 경우 아이가 느끼는 감각에 거의 변화가 없지만, 천 기저귀에 소변을 보면 아이가 금방 감각의 변화를 느끼게 된다. 이는 소변을 보는 것에 대한 인식을 심어주게 되고, 이러한 아이의 인식이 바탕이 되어 대소변을 가리는 데 유리하게 작용한다. 실제로 우리 아이는 별다른 대소변 훈련을 하지 않았음에도 18개월이 지나자 어느 순간부터 대소변을 조금씩 가리더니 20개월이 넘어서자 자기가 알아서 대소변이 마렵다는 의사표시를 했다. 우리 아이뿐이 아니다. 아이를 맡겼던 어린이집은 친환경적인 육아를 중시해서 거의 대부분의 아이들에게 천 기저귀를 사용하였는데, 비슷한 또래의 아이들보다 빨리 그리고 별 무리 없이 대소변을 가리는 것을 본 적이 있다.

이렇듯 환경, 건강, 두뇌발달을 이유로 천 기저귀를 사용하게 되었지만, 사용하면서 느낀 가장 큰 장점은 천 기저귀 사용이 아이와 애착관계를 형성하는 데 많은 도움을 준다는 사실이다. 천 기저귀를 사용하면 아이를 계속해서 살필 수밖에 없다. 그래야 적절한 때에 기저귀를 갈아주고 항상 보송보송한 상태를 유지할 수 있기 때문이다. 만약 조금만 신경을 덜 쓸 경우 기저귀 사용량이 급격하게 줄어들고, 아이의 엉덩이가 빨개진다.

차를 타고 외출할 때 종이 기저귀를 사용하는 경우가 가끔씩 있는데 그럴 때면 자신도 모르게 긴장이 풀어져서 기저귀를 살피지 않게 되곤 했다. 그렇게 두세 시간씩 전혀 신경을 쓰지 않았다는 사실을 깨닫고는 깜짝깜짝 놀란다. 종이 기저귀

하나로 인해 아이의 세세한 변화에 대해 그만큼 둔감해지는 나를 발견하기 때문이다. 그런 경험이 몇 번 반복되면서 천 기저귀 사용이 왜 필요한지 명확하게 깨닫게 되었다.

애착관계를 잘 형성하는 것뿐 아니라 아이의 스트레스를 줄이고 건강한 성격을 형성하는 데도 천 기저귀는 유리하다. 대소변을 보았는데 기저귀를 갈아주지 않는 것은 아이에게 큰 스트레스가 된다고 한다. 그러한 점 때문에 종이 기저귀도 대소변을 볼 경우 바깥쪽 색이 변하는 제품이 나오기도 하는 것이라 생각된다. 내가 기저귀 커버의 사용을 최대한 미룬 것도 이러한 이유 때문이었다. 솔직히 기저귀 커버를 사용한 이후부터 기저귀 사용 횟수가 조금 줄어들었고, 바로바로 갈아주는 것이 어려웠다.

천 기저귀 사용의 가장 큰 단점 중 하나는 대소변이 밖으로 새는 경우가 비일비재하다는 점이다. 이런 이유로 대소변이 새는 걸 막기 위해 우리는 여러 번에 걸쳐 기저귀 접는 방식과 채우는 방식을 바꾸기도 했다. 그런데 대소변이 밖으로 새어 나오거나 비치는 것이 천 기저귀의 큰 단점이기도 하지만, 한편으로는 천 기저귀만의 큰 장점이기도 하다. 왜냐하면 대소변을 보자마자 돌보는 사람이 아이의 변화를 즉각 알아챌 수 있기 때문이다.

시중의 수많은 종이 기저귀 광고들은 순면에 가까운 기저귀라는 점을 강조한다. 그러나 순면에 가까운 종이 기저귀를 쓰는 것보다 순면 기저귀를 쓰는 게 옳다. 종이 기저귀가 아무리 좋아지더라도 순면 기저귀의 장점을 따라올 수는 없기 때문이다.

한 달에 십만 원이라면

 우리는 먼 길을 떠날 경우에 종이 기저귀를 사용하곤 했는데, 그때에도 천 기저귀는 반드시 챙겨갔다. 아이가 어렸을 때 남해안에 있는 할머니 집에 갈 때면 집에 있는 천 기저귀 전부를 들고 가야 했다. 다행히 모유를 먹였기 때문에 분유 먹이는 도구는 필요 없어서 짐의 규모가 조절되었지만, 많은 천 기저귀로 인해 자동차는 트렁크까지 가득 차곤 했다. 사실 이렇게 천 기저귀를 차에 싣고 가서 시골집에서 사용하는 것은 별 문제가 되지 않았는데, 집에 다시 돌아와서 그 많은 기저귀 빨래를 한꺼번에 하는 것은 힘에 부치곤 했다. 그날 바로 빠는 기저귀가 아니기 때문에 일일이 손빨래를 해야 했고, 삶아야 했으며, 한꺼번에 많은 빨래를 말리고 정리해야 했기 때문에 아주 많은 시간과 노력이 필요했다. 마치 천 기저귀 사용 초기에 일이 익숙하지 않고 기저귀가 부족해서 고생했던 상황과 비슷했다. 그럼에도 불구하고 우리는 친척집을 방문해서 하룻밤 자고 오거나 멀리 여행을 떠날 때에도 항상 천 기저귀를 모두 챙겨갔고, 기꺼이 힘겨운 빨래를 감내하곤 했다. 굳이 그럴 필요까지 있느냐고 반문할 수도 있겠지만, 종이 기저귀의 편리함에 익숙해지지 않기 위해서 우리는 그 정도의 불편함과 노력은 감내하기로 한 것이다.

천 기저귀를 쓰다보면 천 기저귀를 단지 대소변을 받는 것 외에도 다양한 용도로 사용하게 된다. 이 또한 천 기저귀의 장점이 아닌가 싶은데, 그 중 아이 몸을 닦는 데 가장 많이 활용한다. 흡수력이 뛰어나고 부드럽기 때문에 목욕 후 몸을 닦을

때뿐 아니라 세수를 하거나 손을 씻은 후 몸에 지저분한 것이 묻었을 경우에도 천 기저귀를 사용해서 닦으면 효과적이다. 물론 거즈 손수건을 이용해 닦아도 되지만, 물기가 많거나 몸에 묻은 것이 많을 경우 천 기저귀가 훨씬 효과적이다.

아이와 놀이를 할 때도 종종 사용하곤 하는데, 주로 역할놀이에 많이 쓰인다. 인형을 안거나 업을 때 천 기저귀를 이용해 몸에 묶어주기도 하고, 인형을 재울 때 이불로 사용하기도 한다. 가끔은 아이의 날개옷이 되기도 하고 두건이 되기도 하며 숨바꼭질 놀이의 도구로도 사용된다. 부드럽기 때문에 아이 피부에 부담이 없다는 점이 천 기저귀를 애용하는 이유이다. 요리할 때도 가끔씩 천 기저귀를 사용한다. 묵을 쑨 후 천 기저귀로 덮어두면 먼지는 막아주고 뜨거운 기운은 빠져나가 묵을 식히는 데 그만이다. 즙을 낼 때도 천 기저귀는 제법 쓸 만하다. 물론 요리를 하는 데 직접 사용한 천 기저귀는 다시는 아이를 위한 용도로는 사용되지 않는다.

출산예정일을 얼마 남겨두지 않은 후배 부부와 천 기저귀 사용에 관해 이야기를 나눈 적이 있었다. 그들 부부와 우리는 출산과 모유수유에 대해 많은 이야기를 나누는 사이였고, 우리의 권유에 따라 자연분만과 모유수유를 적극적으로 준비하는 부부였다. 그러나 천 기저귀를 사용하는 것은 힘든 여건이라 생각했기에 적극적으로 권하지 않았는데, 그날 따라 기저귀가 이야기의 주제가 되어 자연스럽게 천 기저귀 사용에 관해 이야기를 나누게 된 것이다. 내가 남편이 빨면 되니까 천 기저귀를 사용하라고 농담반 진담반으로 이야기를 했더니 후배의 남편은 진지한 표정을 지으며 물어왔다.

“천 기저귀 사용하면 한 달에 얼마나 절약돼요?”

“많이 절약되면 천 기저귀 쓰게?”
후배의 남편은 진지한 표정을 지으며 고개를 끄덕였다.

“내가 종이 기저귀를 별로 사용하지 않아서 정확히는 모르겠지만 초기 투자비용
을 빼면 대략 한 달에 십여 만원 정도는 아낄 것 같은데…….”
“그래요? 그럼 당연히 써야겠네요.”

반색을 하며 천 기저귀를 써야겠다고 말하는 후배의 남편을 보며 천 기저귀를 사
용하면 경제적으로도 상당한 도움이 되고, 그것이 천 기저귀 사용의 중요한 이유가
될 수 있음을 깨닫게 되었다. 천 기저귀를 사용하면 ‘기저귀 값 벌기 위해’ 더 많은
시간을 일할 필요가 없지 않을까 싶다. 이 또한 천 기저귀 사용의 장점이 아닐까!

기저귀 접는 법, 기저귀 관리법

 천 기저귀 사용의 가장 번거로운 점은 날마다 빨래를 해야 한다는 점이다. 특히 초기에는 익숙하지 않은 일솜씨와 많은 빨래 양으로 인해 조금 버겁기까지 했다. 그러나 일정 정도 시기만 지나면 곧 익숙해지고 빨래 양도 눈에 띄게 줄어들기 때문에 생각만큼 어렵지는 않다. 앞서 잠깐 언급했지만 기저귀 빨래를 원활하게 하기 위해서는 소변 기저귀와 대변 기저귀를 구분해서 담아놓고, 소변 기저귀는 바로 세탁기에 넣고 대변 기저귀는 삶아 빤 후 세탁기에 넣고 돌리면 된다. 세탁기를 돌릴 때 사용하는 세제는 유아용 세제를 사용하는 것이 좋으며, 유아용 세제를 사용하기 어렵다면 소변 기저귀를 세탁기에 넣기 전에 손빨래를 간단히 하는 것도 좋은 방법이다. 유아용 세제를 사용할 때에는 구성 성분 중 '계면활성제'가 있는지 여부를 꼼꼼히 살펴야 한다. '계면활성제'는 환경호르몬의 일종이다. 따라서 세제를 선택할 때 세제의 성분표를 자세히 본 후에 사용여부를 결정해야 한다.

기저귀 세탁 마지막에 식초를 넣고 헹구면 기저귀를 부드럽게 할 뿐 아니라, 살균 작용도 되기 때문에 아주 유익하다. 부부가 둘 다 직장생활을 하는 경우 기저귀를 몰아서 빨아야 하기 때문에 식초를 사용해 천 기저귀의 위생을 유지하는 것도 좋은 방법이다. 하루 종일 소변과 대변이 묻어 있는 기저귀에 세균이 번식할 수 있기 때문에 식초 소독은 반드시 필요하다. 원래 천 기저귀를 사용하면 바로바로 빨아서 햇빛에 말리는 것이 가장 좋다고 한다. 그러나 직장생활을 하는 이들이 그

렇게 하는 것은 불가능하고, 직장생활을 하지 않더라도 그렇게 번거롭게 천 기저귀를 관리할 필요는 없다고 생각한다.

보송보송 마른 기저귀는 바로바로 사용할 수 있도록 접어서 보관해야 한다. 기저귀를 접는 법은 월령과 아이의 몸 크기에 따라 바꿔주는 게 좋다. 최초로 사용하는 기저귀 접는 방식은 기본적인 삼각 접기이다. 삼각 접기는 아래 그림과 같이 천 기저귀를 정사각형으로 만든 후 다시 이등변 삼각형 모양을 만들면 간단하다.

〈삼각 접기〉

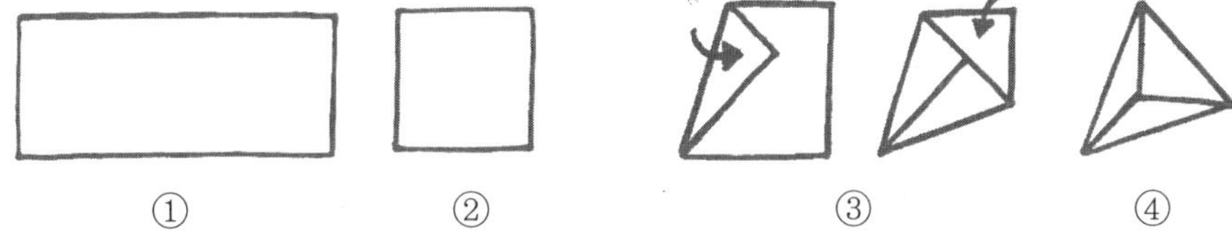

① 최초의 천 기저귀
② 정사각형을 만든다.
③ 양변을 접는다.
④ 남은 한 모서리도 접으면 삼각 접기를 한 천 기저귀가 완성된다.

앞서도 얘기했지만, 천 기저귀 사용의 가장 불편한 점은 소변량이 많거나 대변을 볼 때 바깥으로 묻어 나와 옷을 갈아 입혀야 하는 경우가 비일비재하다는 것이다. 모유를 먹는 아이들은 묽은 똥을 하루에 대여섯 차례씩 보는데, 이는 2~3개월이 될 때 절정에 달해 기저귀 관리에 상당한 세심함이 필요하다. 아이가 덩치가 크지 않다면 위에서 소개한 삼각 접기를 하다가 나중에 일자로 기저귀를 접어서 사용하면 간단하다. 일자 기저귀는 초기엔 기저귀 띠를 이용해 채우고, 일정한 월령이 지나면 기저귀 커버를 사용하여 채우면 된다. 기저귀 커버는 대소변을 자주 보는 아주 어린 아기들에게는 별로 좋지 않다. 대소변이 밖으로 새어 나오는 것을 잘 막을 수 있을지는 모르지만, 그만큼 아이에게 무신경해지므로 종이 기저귀보다 오히려 좋지 않은 결과를 가져올 수도 있기 때문이다. 기저귀 커버의 사용은 자칫 잘못하면 천 기저귀의 많은 장점을 잃어버리는 결과를 가져올 수 있으므로 충분한 여유를 두고 사용하는 것이 좋다. 우리 아이는 6개월이 지난 뒤에 기저귀 커버를 착용했다.

일자 기저귀는 접는 법도 간단하고 사용도 편리하지만, 기저귀 띠가 직접 피부에 닿기 때문에 연한 피부를 가진 아이가 사용하기에는 조금 무리가 있다. 또한 적은 양의 소변일 경우 옷을 전혀 망치지 않는다는 점은 좋지만, 역시 묽은 대변에는 속수무책인 단점이 있다.

삼각 접기가 몸에 맞지 않을 정도로 덩치는 컸는데 일자 기저귀를 사용하기에는 아직 피부가 연한 경우 변형된 삼각 접기를 사용하면 편리하다. 변형된 삼각 접기는 아이의 기저귀 채우는 방식을 고민하다 내가 직접 개발한 것으로, 뒤집기를 하기 전 덩치가 큰 아이에게 적격이다. 뒤집기를 하는 아이일 경우 변형된 삼각 접기 기저귀를 채우면 앞쪽으로 대변이 새어 나오기 때문에 별로 효과적이지 않다. 뒤집기를 할 정도가 되면 일자 기저귀를 채워도 무리가 없을 것이다. 변형된 삼각 접기 방식은 기존의 삼각 접기보다 허리 부분이 훨씬 길기 때문에 덩치가 큰 아이의 몸에 적당하다. 특히 엉덩이 부분이 보강되어 어지간히 많은 변을 보아도 흐르는 것을 충분히 막을 수 있다. 무엇보다 접는 방법이 별로 어렵지 않아 미리미리 차곡차곡 접어서 사용할 수 있다는 점이 좋다. 그러나 이 방식의 단점은 앞부분의 취약성이다. 소변이 많은 경우에는 속수무책이다. 우리는 그 정도의 불편은 감수하기로 했고 적당한 시기마다 옷을 갈아입히는 쪽을 택했다.

〈변형된 삼각 접기〉

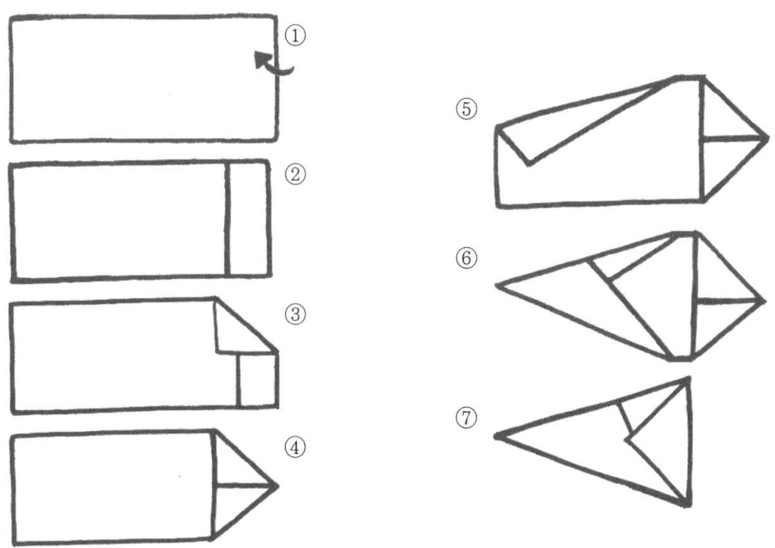

기저귀 빠는 아빠

천 기저귀를 사용하면 이러저러한 점이 좋고 접는 법은 이렇고 빨래하는 법은 이렇다 라고 얘기는 해주지만, 사실 주변 사람들에게 모유 수유만큼 적극적으로 권하지는 못하고 있다. 이는 아내도 마찬가지다. 조산원 출신들 중에는 천 기저귀 사용을 결심하고 실제로 그렇게 하는 사람이 많지만 그 외의 사람들 중 천 기저귀를 전적으로 사용하는 사람을 만나기란 어려웠다. 이는 무엇보다 육아와 직장생활에 따른 부담으로 시간이 부족하기 때문이며, 아빠의 육아 참여가 없는 한 상당히 어려운 일이기 때문이다.

친하게 지내는 내 친구도 나보다 육 개월 정도 후에 아빠가 되었는데 출산시 직접 들어가 호흡도 도와주고, 탯줄도 자를 만큼 육아에 참여하려는 의욕이 높고 적극적이다. 그러나 친구는 예쁜 딸을 아내와 함께 양육할 시간이 부족할 뿐 아니라 딸 아이 얼굴 보는 시간도 부족하다고 했다. 새벽같이 출근해서 저녁 10시가 넘어서 들어오고, 툭하면 출장에 회식이 이어지니 아이와 함께 있을 시간조차 부족한 상태라는 것이다. 열악한 상황 속에서도 친구는 손수 아이 목욕을 시키고, 자주 안아주고, 논다고 한다. 그런 친구에게 천 기저귀를 권하는 건 무리였다. 그런 상황에서 천 기저귀를 사용하면 오히려 아빠와 아이가 함께 보내는 시간이 부족해져 더욱 문제가 될 것 같았다.

친구의 경우 장시간 노동과 회식문화, 잦은 출장이 가정에 충실할 기회를 박탈하는 주범이다. 특히 저녁 10시까지 이어지는 근무시간은 행복한 가정을 파괴하는

범죄행위라 부를 만하다. 물론 시간이 충분히 있음에도 불구하고 아빠들이 육아에
참여하는 걸 기피하는 경우가 많다. 축구나 야구를 보기 위해 밤을 새고 새벽같이
일어나기는 하지만, 아이 돌보기를 위해 그만한 정성을 쏟지 않는 남편 때문에 부
부싸움을 했다는 얘기를 주변에서 종종 듣는다.

아빠들은 대개 육아의 열매만 따먹으려는 경향이 강하다. 얼마 전
결혼한 대학 후배는 예전부터 자기 아이를 안고서 횡단보도를 건너면 많은 사람들
이 자신을 쳐다볼 것이라며 빨리 결혼해서 아이를 갖고 싶다는 얘기를 하곤 했다.
그러나 그 후배가 아이 키우는 데 자신이 어떤 역할을 할 것인지 고민하는 것 같지
는 않았다. 단지 뿌듯함, 자랑스러움, 행복감이라는 열매만을 생각하고 있을 뿐이었
다. 물론 그 후배가 결혼 후 아이 키우는 데 열심히 하지 않을 거라는 얘기는 결코
아니다.

아빠가 육아에 참여할 경우 아이의 사회성 발달에 크게 도움이 된다는 연구결과는
주목할 만하다. 대부분의 엄마는 주변에 널려있는 위험으로부터 아이를 보호하려는
경향이 강하지만, 아빠들의 경우 아이들의 호기심을 제어하기보다 분출할 수 있게
해주는 경향이 있다. 이러한 경향은 아이들의 사회적 활동력이 발달하는 데 일정한
도움을 준다. 그러나 무엇보다도 엄마와 아빠가 함께 육아에 참여함으로써 사랑을
그만큼 많이 받은 아이는 아빠의 역할을 지켜보면서 더 많은 사회성이 발달할 것이
다. 이는 전통적인 대가족일수록 아이들의 사회성이 더 잘 발달한다는 사실과도 부
합된다. 사회적 인간관계를 원활히 맺고 사회적으로 안정된 생활을 하는 자녀를 원
한다면 아빠들이 육아에 적극적으로 참여해야 한다. 사회성 발달 외에도 아빠가
육아에 적극적으로 참여할 경우 아이들은 폭력 행사 가능성이 적고,
지능지수가 높으며, 절제력이 강하다고 한다. 이러한 이유가 아니더라도

아내와 아이를 사랑한다면 육아와 가사에 적극적으로 참여하는 것은 당연하다.

보수적인 사고에서 벗어난 신세대 아빠들은 대부분 육아와 가사에 적극적으로 참여하려는 의지를 가지고 있다. 심지어 엄마는 사회생활을 하고 아빠가 가사를 전담하는 가정이 언론에 소개되고, 책까지 나오는 걸 보면 아빠들의 육아 참여는 사회적인 대세로 자리잡아가고 있다고 여겨진다. 그러나 이러한 인식의 변화와 달리 사회적 환경은 크게 달라지지 않고 있고, 이로 인해 '좋은 아빠 콤플렉스' 같은 아빠들의 중압감이 생겨나고 있다.

우리가 직장생활을 하고 사회활동을 하는 이유는 행복해지기 위해서이다. 가정생활의 행복, 사회생활의 행복, 자기실현을 통해 행복을 추구하는 것이 인간의 본성이다. 그런데 행복을 추구하기 위한 수단인 직장생활, 사회생활이 오히려 행복을 저해하는 것이 현실이다. 사회적으로 성공해야 하고, 가정에서도 좋은 아빠가 되어야 한다는 아빠들의 중압감을 없애기 위해서는 기본적으로 사회적 가치관의 변화를 바탕으로 한 사회적 환경의 변화가 선행되어야 한다. 대표적인 것이 노동시간 단축이다. 세계적으로 장시간 노동을 하는 사회적 현실을 바꾸기 위한 인식이 노동시간 단축이라는 시대적 흐름을 만들어낸 것이라고 믿는다. 주 5일제 근무가 한창 이슈화되었을 때 어느 장관이 현재의 노동시간을 유지한 채 주 5일제를 시행할 수 있을 거라는 말을 해서 비난을 받은 적이 있다. 주 5일제 시행이 기본적으로 노동시간을 단축하기 위한 것임에도 불구하고, 주 5일제를 시행해도 현재의 노동시간을 줄이지 않은 채 시행할 수 있다는 장관의 인식, 이것이 대한민국이라는 사회가 갖고 있는 사회적 가치관의 현 수준이다. 오직 국가와 사회에 모든 시간과 노력을 쏟아 붓기만을 바라는 사회적 가치관이 바뀌지 않는 한 아빠들이 갖는 중압감은 기본적으로 사라지지 않을 것이다.

사회적 가치관의 변화와 함께 아빠들이 갖는 가치관도 변해야 중압감에서 벗어날 수 있다. 중압감에서 벗어나는 길은 의무감에서 벗어나 즐거움을 찾을 때 가능하다. 가사일은 물론 육아에서 일정 부분 아내를 도와주어야 한다는 의무감은 열악한 환경과 부딪혀 그렇지 않아도 사회생활로 인한 스트레스가 많은 아빠들에게 또 다른 스트레스를 주는 결과를 가져온다. 의무감이 아니라 즐거움으로 집안일을 하고 육아에 참여해야 한다. 아이를 키우는 엄마들은 하루가 다르게 커가는 아이들의 모습 속에서 힘겨움을 이겨내는 힘을 얻는다. 아빠들도 아이를 키우는 데 자기 몫을 하다보면, 일요일 오후 공원에서 놀면서 갖게 되는 즐거움과는 다른 즐거움을 알게 된다. 그 즐거움을 아는 것이 '좋은 아빠 콤플렉스'에서 벗어나는 가장 좋은 방법이며 현실적으로 유일한 방법이라고 믿는다. 내가 바쁜 직장생활 속에서도 계속해서 기저귀를 빨고 아이 돌보는 데 적극적일 수 있었던 이유도 아이 돌보는 즐거움이 너무 컸기 때문이다. 나는 그 즐거움을 어떤 이유로도 절대 포기할 수 없었고, 앞으로도 그럴 것이다.

약속3

천 기저귀 사용을 위해 아빠가 지켜야 할 여덟 가지

대부분의 사람들이 자연분만이나 모유수유가 좋다는 점을 인정하고 되도록 그렇게 하고 싶다는 생각을 갖지만, 천 기저귀에 대해선 그렇지 못하다. 이는 천 기저귀의 장점을 제대로 인식하지 못하기 때문이기도 하지만, 주로 천 기저귀 사용에 따른 불편함과 과중한 일감 때문이기도 하다. 따라서 천 기저귀 사용을 위해서는 아빠들의 적극적인 역할이 요구된다.

① 기저귀 빨래는 아빠가 담당한다고 약속한다.

천 기저귀 사용에는 조금 많은 일손이 필요하다. 따라서 엄마에게 천 기저귀와 관련된 일마저 부과되면 과중한 일로 인해 신체적 피곤과 정신적 스트레스를 안겨줄 우려가 크다. 천 기저귀를 사용하고자 결심했다면 그 일은 아빠의 몫이 되는 게 좋다. 아내와 함께 천 기저귀 사용을 결심하고 기저귀 빨래를 하겠다고 약속한다.

② 아내의 몸조리 기간 중에 충실히 연습한다.

천 기저귀를 빨고 정리하는 일은 익숙하지 않으면 힘든 일이지만, 초기에 체계를 잘 세우고 훈련만 잘 되어 있다면 사실 그리 힘든 일이 아니다. 대소변 기저귀를 따로 구분해 놓고 기저귀 빨래를 하고 삶는 데 10분 정도면 충분하다. 나머지는 세탁기 돌리고 빨래 널고 정리하는 일이며, 이 정도 일을 하는 데 하루 20~30분이면 충분하다. 따라서 아내가 몸조리를 하는 초기에 기저귀 빨래를 하는 연습을 충분히 하고, 일하는 체계를 올바로 세운다면 기저귀 빠는 아빠가 되는 건 쉬운 일이 될 것이다.

③ 직장생활이 아무리 바빠도 육아관련 일을 할 수 있는 시간을 마련한다.

바쁜 직장생활을 하다보면 육아와 관련된 집안일을 일정 부분 지속적으로 담당한다는 것이 쉬운 일은 아니다. 그러나 엄마들의 경우 직장생활이 아무리 힘들어도 집안일을 감당한다. 아빠와 엄마의 이런 차이는 시간의 문제가 아니라 책임감의 문제이다.

④ 기저귀를 빨 때는 무공해 세제를 사용하고 식초를 곁들인다.

합성세제에는 환경호르몬 물질인 '계면활성제'가 들어 있어 아이와 환경에 좋지 않은 영향을 미친다. 따라서 아이의 옷과 기저귀를 빨 때는 무공해 세제를 사용해야 한다. 식초는 빨래를 부드럽게 할 뿐 아니라 소독 효과도 있으므로 마지막 헹굴 때 50㎖ 정도 넣어주면 좋다.

⑤ 수시로 아이의 기저귀 상태를 확인하고 바로 갈아준다.

대부분의 아빠들은 아이가 대소변, 특히 대변을 볼 때 아내에게 일을 미루는 경향이 있다. 아이 돌보는 일은 엄마 몫이라는 생각이 팽배해 있기 때문인데, 기저귀 빼는 아빠가 되기로 결심했다면 기저귀 가는 일도 아내 못지않게 책임지고 하는 게 좋다. 특히 천 기저귀는 종이 기저귀와 달리 아이에 대한 지속적인 관심이 필요하므로 수시로 기저귀 상태를 확인하는 것이 천 기저귀 사용의 장점을 살리는 길이다.

⑥ 천 기저귀 사용을 귀찮아하지 않는다.

천 기저귀 사용은 정말 귀찮은 일이다. 반면 종이 기저귀는 참으로 편리하다. 천 기저귀를 사용하다보면 종이 기저귀의 유혹을 뿌리치기 힘든 경우가 많다. 그러나 양육자의 불편함이야말로 천 기저귀 사용이 갖는 최대의 장점임을 잊어서는 안 된다. 장기간의 외출 등 어쩔 수 없는 경우를 제외하고는 반드시 천 기저귀만을 사용한다.

⑦ 아이의 성장과 발달에 맞게 적당한 기저귀 착용법을 선택한다.

종이 기저귀는 아이의 성장에 맞게 단계별로 제품이 나와 있지만, 천 기저귀는 그렇지 않다. 따라서 아이의 성장과 발달 정도를 고려하여 적절하게 기저귀를 채워주어야 한다. 특히 기저귀 관리의 불편함으로 인해 기저귀 커버를 일찍 사용하는 경우가 있는데, 기저귀 커버는 최대한 늦게 사용할수록 좋다는 사실을 명심해야 한다.

⑧ 아이를 맡기는 경우에도 천 기저귀를 사용한다.

아이를 친인척이나 보모, 어린이집에 맡길 때에도 천 기저귀 사용을 유지해야 한다. 그래야 천 기저귀 사용의 장점이 지속적으로 유지된다. 물론 돌보는 사람의 관심과 일이 많아지므로 귀찮아할 것이다. 그러나 천 기저귀를 사용하는 이유를 명확히 설명하고 이해를 구한 뒤 관리 방법을 숙지시킨다면 그리 어렵지 않을 것이다. 돌보는 사람도 조금만 익숙해지면 크게 불편함이 없다는 사실을 알게 될 것이다.

아이의 건강과 두뇌발달을 위해 이유식 직접 만들기

된장국과 김치를 좋아하는 아이

이제 두 살이 된 우리 집 아이는 된장국과 김치를 정말 좋아한다. 특히 김치를 너무 좋아해서 어린이집에서는 '김치돌이'라고 불린 적도 있다. 그 외에 좋아하는 음식으로는 버섯과 나물, 쇠고기와 새우가 있고 과일 중에는 포도와 딸기를 가장 좋아한다. 콩이나 팥, 수수와 조가 들어간 잡곡밥도 잘 먹고 멸치도 제법 먹는다. 어느 날은 제법 큰 콩이 들어간 잡곡밥을 먹으면서 콩만 골라내기에 안 먹으려고 하는 줄 알았다. 그런데 웬걸 그 콩을 따로 모으더니 금세 다 먹어버렸다. 한 번은 숙주와 시금치나물을 밥과 같이 먹지 않고 손으로 바로 집어먹어서 한참 동안 말린 적도 있다. 버섯이 반찬으로 나올 때는 더 심각하다. 아예 수저를 놓고 버섯이 다 없어질 때까지 버섯만 집어먹는다.

다른 음식도 특별히 가리는 게 없어서 음식 먹는 것 때문에 걱정을 해본 적이 없다. 요즘 아이들이 가장 좋아한다는 햄과 소시지를 한두 번 정도 먹여 보았는데, 아이도 더이상 찾지 않았다. 가끔씩 인스턴트를 먹는 엄마 덕택에 아이도 가끔 엄마가 먹는 걸 조금 뺏어 먹을 기회가 있었지만, 아내가 먹는 걸 자제하기 시작하면서 아이 또한 먹을 기회를 쉽게 갖지 못하고 있다.

두 돌 무렵쯤 비슷한 또래의 아이가 있는 집에 놀러간 적이 있었다. 같은 또래의 다른 아이도 함께 있었는데, 나는 일이 있어 아내와 아이만 남겨두고 그 집을 나왔다. 나중에 아내와 함께 차를 타고 집에 오던 중 아내가 아이 입맛이 참 잘 들었다며 뿌듯해 하기에 그 이유를 물었다. 아내 말에 따르면 아이들 간식으로 과자 종류와 과일이 함께 제공되었다고 한다. 그런데 함께 있던 두 아이는 과자만 열심히 먹는 데 반해 우리 아이는 과자는 쳐다보지도 않고 오직 과일만 열심히 먹었다는 것이다. 평소에 먹어보지 못한 과자라 흥미를 느끼지 않았고, 즐겨먹던 과일만 열심히 먹은 것이다. 같이 있던 엄마들의 부러움까지 한 몸에 받았다며 아내는 즐거운 표정을 감추지 못했다.

우리 집 밥상은 흔히 말하는 풀밭이다. 밥은 항상 찹쌀과 현미, 기장과 조, 팥이나 콩이 섞인 잡곡밥이다. 반찬은 시금치, 콩나물, 숙주나물, 취나물, 호박나물 등의 나물류와 버섯, 멸치와 김, 두부와 생선 등으로 채워진다. 사실 처음엔 이러한 요리들의 대부분은 아내의 몫이었다. 특히 나물종류는 자신이 없어서 감히 시도하지 못했었다. 내가 제일 처음 익숙하게 요리를 했던 것은 멸치볶음이다. 자취하던 때부터 즐겨하던 반찬으로 결혼한 후에도 멸치볶음은 내가 하는 게 훨씬 맛있다며 아내는 손도 대지 않았었다. 그런데 아내가 3교대를 하게 되자 내가 직접 음식을 만들지 않으면 안 되는 상황이 많아졌고, 나는 용기를 내어 나물 반찬을 시도하게 되었다.

그런데 직접 만들어보니 의외로 쉬웠다. 재료의 특성에 따라 다듬고 가공하는 것만 잘 하면 되었고, 양념은 간장과 깨, 파와 마늘, 참기름 등을 이용한 기본적인 양념장으로 해결되었기에 특별히 신경 쓸 필요가 없었다. 콩나물과 시금치나물을 익힌 후에 차츰 버섯요리를 익혀갔고, 나중에는 마른 나물인 취나물과 호박나물을 만들 수 있게 되었다. 언제 어느 때든지 다양한 반찬을 만들 수 있게 되자 자연스럽게 아이의 입맛은 올바로 잡혀가게 되었다. 아내는 아이의 입맛이 자신보다 훨씬 좋게 들었다며 항상 뿌듯해 한다.

우리 집 아이는 된장국과 김치를 정말 좋아한다. 아이의 입맛을 올바로 들이려면 식탁을 인스턴트와 고기류가 아닌 된장과 김치, 잡곡밥 위주로 차리는 것이 중요하다.

그런데 많은 엄마들은 아이들이 나물이나 잡곡밥, 채소 등을 차려줘도 잘 먹지 않는다고 푸념한다. 된장이나 김치를 끔찍하게 싫어해서 억지로 먹이려고 해도 잘 먹지 않아 애를 태우는 모습도 흔히 볼 수 있는 풍경이다. 언젠가 TV에서 아이들을 대상으로 좋아하는 음식에 대한 설문결과가 나왔는데 전부 햄버거, 피자와 같은 인스턴트를 가장 좋아한다고 해서 조금 충격을 받은 적이 있다. 그 때문인지 아이들의 비만은 날로 심각해지고 있고, 아이들의 성인병 발병률도 날로 높아가고 있다고 한다. 부모들은 누구나 자신의 아이가 올바른 식습관을 갖기 바란다. 그러나 그런 부모의 바람과는 반대로 많은 아이들이 편식을 하고 인스턴트 음식에 길들어져 있다. 아무리 음식을 잘 만들어줘도 아이들이 잘 먹지 않으니 인스턴트를 즐기는 식습관을 고치기도 어렵다.

아이의 입맛을 올바로 들이려면 어떻게 해야 하는 것일까? 당연히 식탁을 인스턴트와 고기류가 아닌 된장과 김치, 채소와 잡곡밥 위주로 차리고, 이러한 음식들을 잘 먹도록 적극적으로 권하고 습관화시키는 것이 중요할 것이다. 그런데 이렇게 잘 차려서 먹이려고 해도 아이들은 쉽게 먹지 않으려 한다. 그렇다면 요즘 아이들의 잘못된 식습관은 무엇 때문일까? 무차별적으로 쏟아지는 광고와 주변의 먹을거리 환경이 나빠진 탓도 있지만, 나는 유아기 때 먹은 분유와 잘못된 이유식, 특히 잘못된 이유식이 문제라고 생각한다. 입맛의 첫 단추를 잘못 꿰면 그것을 바꾸기란 쉽지 않기 때문이다.

아이의 평생 건강을 좌우하는 이유식

첫 입맛을 올바로 들이기 위해서는 모유를 먹이고, 이유식을 제대로 먹여야 한다. 먼저 모유를 먹여야 한다. 모유는 엄마가 먹은 음식에 따라서 그 맛이 달라진다. 따라서 모유를 먹은 아이는 자연스럽게 유아기 때부터 다양한 음식 맛을 경험하고 받아들일 준비를 하게 되는 것이다. 그러나 분유는 아이들이 쉽게 먹게 하기 위해서 단맛이 강하고, 맛의 변화가 없어 아이에게 다양한 맛의 기회를 제공하지 못한다. 아이가 세상에 태어나 처음 먹는 음식이 모유냐, 분유냐에 따라 아이가 접하는 맛의 세계는 완전히 달라지는 것이다. 엄마가 섭취한 다양한 음식의 맛을 지속적으로 접한 아이가, 변화가 없는 분유 맛만을 접한 아이보다 편식을 하지 않고 다양한 음식 맛을 받아들일 것이라는 점은 분명하다. 따라서 아이의 올바른 식습관 형성을 위해서는 모유를 먹여야 하고, 모유를 먹이는 엄마 또한 다양한 음식을 골고루 섭취해서 아이가 많은 맛을 경험할 수 있도록 해주어야 한다. 어쩔 수 없는 이유로 모유를 먹이지 못했다면, 그 다음 단계인 이유식을 통해서라도 아이에게 다양한 맛을 경험할 기회를 제공하는 것이 중요하다.

이유식은 말 그대로 젖을 떼고 평생 먹을 음식을 받아들이는 과정이다. 따라서 골고루 음식 맛을 느끼게 해주면서 맛에 대한 다양한 경험을 갖게 해야 한다. 그러나 많은 이들이 바쁘다거나 고른 영양을 편리하게 제공한다는 이유로 그 맛이 그 맛인 시판 이유식을 먹이기 때문에 아이들은 다양한 맛을 경험할 기회를 빼앗기게 된다. 이유식의 목적은 단지 영양적인 면을 채워주기 위한 것이 아니다. 평생 동안 먹고 살아야 할 음식에 길들이는 과정이 바로 이유식이다. 따라서 이유식 기간 중 다양한 맛을 경험한 아이는 나중에 다양하고 균형 잡힌 식사를 즐길 수 있게 된다. 반면에 초기에 변화 없이 밋밋하고, 단맛에 길들여진 아이는 그 맛만을 선호해서 성장한 후에도 익숙한 맛을 찾아 편식을 하고, 인스턴트를 좋아하게 되는 것이다.

세상에 태어나 처음 접한 음식인 분유와 이유식의 맛에 길들여진 아이가 본격적으로 음식물을 섭취하는 시기가 되면, 그동안 먹었던 분유와 이유식 맛과 비슷한 음식만을 계속 찾게 되는 것은 당연하다. 첫 단추가 잘못 꿰진 아이의 입맛은 결국 인스턴트 음식을 가장 좋아할 수밖에 없고, 자기가 좋아하는 것만 먹는 편식이 습관화될 수밖에 없는 것이다. 따라서 아이의 평생 건강이 걸린 식습관을 올바르게 형성하기 위해서는 모유를 먹이고, 이유식 또한 부모가 직접 만들어 먹여야 한다. 물론 모유와 이유식만으로 모든 게 해결되지는 않겠지만, 입맛의 첫 단추를 잘 꿰는 것은 무엇보다 중요하다.

우리 집 아이가 된장국과 김치를 좋아하고, 잡곡밥에서 콩을 골라 먹는 것도 모유를 먹이고 이유식을 적절하게 만들어 먹였기 때문이라고 믿고 있다. 특히 이유식을 잘 먹였기 때문이라고 생각한다. 지금 생각해도 아이의 이유식은 완벽에 가까웠다. 간을 전혀 하지 않고 만든 이유식이 너무 맛있어서 내가 뺏어 먹고 싶을 정도였다. 아이를 가진 후 아내가 가장 훌륭하게 해낸 일을 꼽으라면 난 단연 출산과 모유 수유 그리고 이유식을 꼽을 것이다.

요즘 많은 엄마들이 아이들의 아토피 때문에 걱정을 한다. 아토피가 많아진 이유는 여러 가지가 있겠으나, 주로 오염된 환경과 잘못된 식습관이 그 원인이라고 한다. 말하자면 아토피는 환경병인 셈이다. 따라서 아토피를 치료하기 위해서는 적절한 의학적 치료나 자연요법을 시행함과 더불어 기본적으로 환경을 깨끗하게 해주고 건강한 식생활을 유지해야 한다. 심한 아토피의 아이에게 유기농 채식 위주의 식사를 실시해서 호전되었다는 경험담을 종종 접할 수 있듯이 아이의 식습관은 그만큼 중요한 것이다.

반드시 지켜야 할 이유식의 원칙

이유식이 필요한 시기가 다가오자 아내는 먼저 이유식에 대한 연구를 시작했다. 선배들로부터 정보수집을 하는 것도 잊지 않았다. 그러더니 나름대로 월령에 맞게 이유식 메뉴를 제작한 후에 냉장고에 붙여놓고는 그대로 만들어 먹였다. 애초부터 시중에서 파는 이유식 제품은 아내의 관심 밖이었으며, 먹이려는 생각조차 하지 않았다.

이유식을 직접 만들어 먹였던 이유는 명확했다. 이유식을 직접 만들어 먹일 경우 아이의 식습관이 올바로 잡히고 영양에 균형이 잡힐 뿐 아니라, 다양한 음식을 접함으로써 두뇌를 자극하고 혀와 턱 근육의 발달을 도와 머리도 더 좋아지고 언어 능력도 더 빨리 발달한다. 값비싼 장난감과 교육용품보다 이유식을 직접 만들어 먹이는 것이 아이의 두뇌발달과 언어 발달에 더 좋다는 말이다. 그리고 무엇보다도 사랑하는 아이가 먹을 것을 직접 만들어 먹이는 것이 부모 된 자의 욕심이요 사랑이라고 믿는다.

그런데 시중에 소개되는 각종 이유식 정보를 접하면서 몇 가지 문제점을 발견할 수 있었다. 첫째 이유식의 시작 시기를 지나치게 빠르게 설정하고 있고, 둘째 이유 초기에 영양을 이유로 여러 가지 음식을 섞어 먹이며, 셋째 역시 마찬가지로 영양을 이유로 월령에 맞지 않는 식품을 지나치게 빠르게 제공한다는 것 등이다.

책과 잡지, 인터넷 등에서 이유식에 관한 다양한 정보를 제공하고 있는데, 그 중 가장 큰 오류는 이유식 시작 시기가 지나치게 빠르다는 점이다. 대부분 4개월이면 이유식을 시작하라고 권유하고 있으며, 심지어 2개월부터 하라고 하는 경우도 있다. 아이의 소화기관이 충분히 성장하지 않은 상태에서 제공되는 음식물은 아이에게 해가 되면 되었지 결코 도움이 되지 못한다.

6개월 이전의 아이들은 큰 입자를 위장관에서 흡수할 능력이 없어 알레르기가 일어날 수 있다. 모유는 6개월까지 아이가 필요로 하는 모든 영양소를 충분히 가지고 있다. 따라서 6개월까지 아이에게는 일절 다른 것을 먹일 필요가 없다. 6개월 정도가 되면 이가 나기 시작하는데 이것은 다른 것을 먹여달라는 신호이므로 이때부터 이유식을 시작하면 된다. 우리 아이뿐 아니라 주변의 아이들을 살펴보아도 6개월이 지난 뒤에 이유식을 시작했다고 해서 영양부족이나 성장에 장애가 생긴 경우는 찾아보지 못했다. 오히려 빠른 이유식은 과잉영양으로 비만의 위험을 높일 뿐이다. 분유를 먹인다고 해서 이유식의 시기를 앞당겨야 할 이유는 없다. 현재 만들어지고 있는 분유는 6개월 정도의 시기까지 아이가 필요로 하는 영양소를 충분히 가지고 있다.

두 번째로 많이 범하는 오류는 영양을 이유로 이유 초기에 여러 가지 음식을 섞어 먹인다는 점이다. 이유식 초기엔 한 번에 한 가지 재료만을 써서 음식의 맛을 충분히 느끼게 해주어야 한다. 처음부터 여러 맛이 섞인 걸 먹이면 아이가 다양한 음식 맛을 느끼지 못해 입맛이 올바로 자리잡지 못할 뿐 아니라, 두뇌에도 적절한 자극이 가지 않는다. 또한 음식에 대한 알레르기 여부를 확인할 수 없기 때문에 초기에는 여러 가지 음식을 섞어 먹이면 안 된다. 그런 면에서 시판 이유식은 심각한 문제가 있다. 일반적인 이유식뿐 아니라 여러 가지 곡물을 골고루 섞어서 만든 미숫가루 형태의 영양식 등도 이유 초기에는 좋지 않다.

이유식의 목적은 단지 영양적인 면을 채워주기 위한 것이 아니다. 평생 동안 먹고 살아야 할 음식에 길들이는 과정이 바로 이유식이다.

또한 이유식 초기에는 음식에 간을 하지 말아야 한다. 음식에 간을 하는 것도 시중에 제공되는 이유식 정보의 오류 중 하나인데, 음식에 간을 하게 되면 음식 자체의 고유한 맛을 제대로 느끼지 못하게 된다. 따라서 이유식 기간 동안은 최대한 간을 하지 않는 것이 좋다. 우리 아이의 경우 11개월까지 전혀 간을 하지 않았다. 먹이는 양도 처음엔 한 숟가락, 두 숟가락, 세 숟가락으로 차근차근 늘려나가고, 알레르기 우려가 있는 음식은 일주일 정도 먹여본 후 이상이 있는지 없는지를 반드시 확인해야 한다.

세 번째는 고른 영양을 제공한다는 이유로 월령에 맞지 않는 식품을 이유 초기부터 지나치게 빨리 제공한다는 점이다. 특히 고기와 유제품 등은 발달되지 않은 장에 무리가 되는 식품군이기 때문에 초기 이유식부터 사용하는 것은 좋지 않다. 초기 이유식으로는 곡물이 가장 적당하며, 처음엔 묽게 끓이고 아이의 대변 상태를 관찰해가며 농도를 진하게 하면 된다. 곡물 중 콩은 알레르기가 많은 음식 중의 하나이므로 먹인 후 보채거나 설사 또는 발진이 있을 경우에는 시작 시기를 연기하는 것이 좋다. 감자, 고구마 등은 이유식 초기부터 마음 놓고 먹여도 된다. 과일은 수분이 많고 신맛이 강하지 않은 것이라면 무엇이든 이유식으로 좋다. 오렌지는 알레르기 위험이 비교적 높은 편이라고 알려져 있으며, 통념과 달리 복숭아는 알레르기를 일으키는 사례가 드물다. 과즙은 미지근하게 식힌 물로 2배 정도 엷게 해서 주도록 한다.

이유식을 체계적으로 진행하기 위해서는 적절한 월령별 계획표와 식단을 만드는 게 좋다. 월령에 맞게 필요한 음식물의 종류를 정리하고, 수집된 정보를 종합해서 적절한 식단표를 짜야 한다. 그래야 적절한 시기에 아이에게 다양한 맛을 골고루 맛볼 수 있게 할 수 있으며, 고른 영양 섭취도 가능하게 된다. 월령별 계획표와 식단에 대한 정보는 시중에 나와 있는 책이나 잡지에 많이 소개되어 있으므로 참고하면 될 것이다. 다만 주의할 점은 대부분 4개월을 이유식 시작 시기로 설정하고 있는데, 이는 잘못된 것이므로 이 점을 고려해서 이유식 계획표를 만들어야 한다는 점이다. 이유식의 재료도 일반 시중에서 파는 농산물 대신 유기농산물을 이용하는 것이 바람직하다. 우리의 경우는 인터넷으로 유기농산물을 파는 단체에 회원으로 가입하여 유기농산물을 구입했다.

직장 다니며 이유식 만들기

 맞벌이를 하는 상황에서 이유식을 직접 만들어 먹인다는 것은 보통 일이 아니다. 많은 이들이 이유식을 직접 만들어 먹이지 못하고 시판 이유식을 구입하는 이유도 여기에 있다. 우리도 초기에는 많은 어려움을 겪었다. 다음에 소개하는 것은 직장 다니면서 비교적 빠르게, 그러면서도 고른 영양이 담긴 이유식을 만드는 아내만의 노하우이다.

아내가 이유식을 만드는 과정을 보면 먼저 식단표와 이유식 계획에 맞추어 재료를 결정한 후 인터넷을 통해 주문한다. 3~4일 후 물건이 배달되면 이유식을 만든 후 그것을 용기에 담아 냉동 보관한다. 직장생활 때문에 날마다 만들어주지 못하는 걸 안타까워하면서 아내는 3~4일에 한 번씩 이유식을 만들었다. 이유 초기에 적은 양의 음식 한 가지만을 만들 때는 대부분 바로 만들어서 먹였다. 사실 초기 이유식은 부담이 없었다. 한 가지 이유식을 만들어 짧게는 3~4일, 길게는 일주일 정도 먹인 후 아이의 상태와 반응을 살피는 식이었기 때문이다. 그러나 아이가 성장함에 따라 먹는 양도 늘어가고 메뉴도 다양해지면서 이유식을 만드는 아내의 부담도 함께 늘어갔다.

어느 날 호박죽을 만들어 준다며 늙은 호박을 구입한 아내는 직접 손으로 다듬고 삶느라 이유식을 만드는 데 무려 세 시간이 걸렸다. 온몸엔 호박이 묻어 있고, 부엌은 호박죽을 만든 흔적으로 난리도 아니었다. 고생 끝에 만든 호박죽 한 그릇을 내게 주고는 먹여보라고 했다. 아이가 생글거리며 맛있게 먹자 이유식을 만드느라 땀투성이가 된 얼굴에 환한 웃음이 돌았다. 호박죽뿐 아니라 초기에는 이유식을 만드는 시간이 무척 오래 걸렸다. 퇴근한 후 보통 세 시간 이상을 투자해서 이것저 것 만드느라 지친 몸을 쉴 수도 없었다. 그러나 이유식을 만드는 데 점점 익숙해지 고 기술이 축적되면서 3~4가지 메뉴를 준비하는 데 한 시간 정도면 충분해졌다.

아내가 한참 많은 이유식을 만들어 먹였던 만 8개월 이후의 숙련된 조리방법은 다음과 같다. 먼저 찹쌀과 멥쌀, 차, 조, 미역 등을 혼합해서 물을 조금 많이 붓고 전기밥솥 기능 중 '죽 메뉴'를 선택한다. 전기밥솥에서 밥이 되는 동안 이유식 만드 는 데 필요한 국물과 재료를 준비한다. 국물은 멸치, 다시마, 된장, 콩나물 등을 이 용하여 그때그때 만들고 싶은 국물을 만든다. 그리고 재료는 밤, 잣, 호두, 호박, 감자, 시금치, 야채, 쇠고기, 버섯 등을 준비하며, 한 번 만들 때 대개 3~4가지 재료 를 준비한다. 당장 쓸 것을 준비하기도 하지만, 호박 같은 경우는 한꺼번에 많은 양을 만들어 냉동실에 보관해 놓고 필요할 때 사용한다. 보관이 용이하지 않은 재 료는 바로 준비해서 요리를 한다.

묽은 밥과 국물, 주재료가 준비되면 이들을 섞어 한꺼번에 넣고 끓인다. 가스렌 지에 냄비를 올려놓고 국물과 밥을 적당량씩 배분한 다음 주재료를 각각 넣는다. 이렇게 하면 모든 이유식이 시간 간격 없이 한꺼번에 완성될 수 있다. 국물의 양은 월령에 맞게 조절하며 개월 수가 많을수록 줄여나갔다. 잘 저어주면서 펄펄 끓이면 이유식이 완성된다. 완성된 이유식은 뜨겁지 않게 식힌 후 그릇에 담아 냉동실에 보관했다. 이유식 재료 준비에서 마무리까지 대략 한 시간 내지 한 시간 반 정도가 소요되는 게 보통이다. 만들어서 얼려 놓은 이유식이 떨어지거나 잘 먹지 않을 경 우에는 내가 직접 만드는 경우도 가끔씩 있다. 그럴 때는 밥을 끓인 후 재료 몇 가지를 넣고 함께 끓이는 간단한 방법으로 이유식을 만든다.

우리 부부는 이유식을 만들고 난 후에는 항상 다음 이유식 메뉴를 무엇으로 할 것인지 함께 고민하고 의논했다. 그러던 어느 날 직장에서 돌아온 아내는 이유식을 만들면서 이상하다는 듯 나에게 말을 건넸다.

"아니, 아이 키우면서 왜 이유식을 직접 안 만들지?"

아내의 얘기인즉 자기는 당연히 대부분의 엄마들이 이유식을 주로 직접 만들어 먹일 줄 알았는데, 대부분이 이유식을 사서 먹이거나 만들더라도 사서 먹이는 것의 보조적인 정도라는 것이었다. 아이를 위해서 부모의 생활을 희생하며 돈을 들이고 온갖 신경을 쓰면서도 정작 이유식을 직접 만들어 먹이지 않는 모습이 아내의 입장 에서는 이해가 되지 않았나 보다.

단맛을 찾는 아이

아이들은 사탕을 참 좋아한다. 사탕을 거의 입에도 못 대게 하는 우리 아이조차 사탕이라고 하면 얼굴색이 변하는 걸 보면 아이들이 사탕을 좋아하는 정도를 짐작할 수 있다. 단맛은 아이들이 뿌리치기엔 너무 큰 유혹임에 분명하다.

아이가 사탕을 접한 것은 정말 우연한 일이었다. 단골로 가는 식당에서 밥을 먹고 나오는데, 그날따라 종업원이 입가심용 사탕을 아이에게도 준 것이다. 그때가 처음 아이가 사탕을 먹은 날이었다. 그런데 그 후가 문제였다. 그 식당에 갈 때마다 아이는 계산대 앞에 서서 사탕을 달라고 조르기 시작하는 것이다. 우리는 결국 단골 식당에서 밥 먹는 걸 포기해야 했다. 가끔씩 가고 싶기도 하지만, 아이가 밥은 먹지 않고 사탕만 찾을 것을 염려해서 선뜻 움직일 수 없었다. 그 후로도 아이는 주위 어른들이 무심코 건네준 사탕을 받아먹곤 하였다. 물론 되도록 주지 말라고 말씀을 드리지만, 아이가 예뻐서 주는 분들에게 매정하게 주지 말라고 하기도 뭣해서 아이가 사탕을 받아먹도록 내버려두곤 한다.

그런데 이렇게 한 번 단맛을 보자 아이는 단 음식을 지속적으로 찾기 시작했다. 산책하다 우연히 들른 아이스크림 가게에서 아이스크림을 맛본 후부터 아이스크림을 찾기 시작했고, 머나먼 여행길에 짜증을 달래려 쥐어준 껌을 씹어본 후 껌도 줄기차게 찾았다. 대부분의 과자류는 먹이지 않기 때문에 아이도 찾지 않는데, 한두 종류의 과자 맛을 본 후에는 먹었던 과자를 종종 찾곤 했다. 그나마 다행인 것은 사탕, 아이스크림, 껌, 과자 등 단 음식을 찾으면서도 기존의 식습관은 유지된다는 점이다. 그렇다고 해서 방심할 수는 없었다.

일단 최대한 단 음식을 접할 기회를 막기로 했다. 산책을 가더라도 단 음식을 접할 수 있는 곳은 피했고, 시장이나 대형할인점에 가더라도 아이의 눈에 단 음식이 보이지 않게 조심을 했다. 이런 소극적인 방법 외에도 적극적으로 단맛이 없는 과자를 제공함으로써 아이의 입맛을 조절하는 방법을 사용했다. 유기농산물을 구입하기 위해 가입한 조합에서 전통적 방식으로 만든 무설탕 과자를 파는데, 이를 지속적으로 구입해서 아이에게 간식으로 주었다. 이러한 과자들은 달지 않으면서도 당기는 맛이 있어서 아이뿐 아니라 어른들이 먹기에도 참 좋다. 과자뿐 아니라 다양한 종류의 과일을 아이에게 지속적으로 제공함으로써 아이가 단 음식보다 과일을 더 좋아하게 만들려는 노력도 꾸준히 기울였다.

이렇듯 단 음식을 되도록 못 먹게 하려는 이유가 처음엔 올바른 식습관을 유지하고 이빨이 썩지 않게 하려는 목적이었는데, 최근에 사탕의 유해성을 알리는 정보를 접하면서 아이에게 절대 단 음식을 먹여서는 안 되겠다고 더욱 굳게 결심하게 되었다. 사탕을 다량 섭취하면 백혈구의 활동능력이 뚝 떨어져 병균에 대한 저항력이 저하된다고 한다. 특히 어린아이처럼 저항력이 약한 상태에서 사탕을 먹을 경우 이는 무방비 상태의 몸을 만드는 것과 같다고 하면서, 요즘 아이들이 병에 자주 걸리는 것도 사탕의 다량 섭취와 관련이 있다는 것이다. 사탕은 건강상의 문제뿐 아니라 '과잉행동장애'를 일으키기도 한다고 한다. 폭력적이 된다는 말이다. 소년원에 있는 아이들과 그렇지 않은 아이들을 비교해 본 결과 사탕 섭취량이 크게 차이가 났다고 하니 정말 심각한 문제가 아닐 수 없다. 게다가 사탕은 중독성이 있는

데, 특히 어릴수록 그 정도가 강하다고 한다.

사탕을 다량 섭취하는 것이 이러한 부작용을 일으킨다면 사탕을 아이에게 '많이 먹이는 것'은 아이에게 '독을 먹이는 것'과 같지 않은가 싶다. 따라서 되도록 사탕을 먹이지 않도록 해야 할 것이다. 아이가 귀엽거나 떼를 쓰면 사탕을 주며 달래는 어른들이 많은데 이러한 무의식적인 행동도 고쳐야 할 것이다.

오늘도 단맛을 찾는 아이와 이를 막으려는 나와의 싸움은 계속되고 있다. 아이는 기회만 생기면 단 음식을 먹고 싶어 하겠지만, 아마도 난 절대 포기하지 않고 이를 말릴 것이다. 성인이 될 때까지 그런 싸움은 계속되지 않을까 싶다.

안전한 먹을거리를 위한 선택

아무런 걱정 없이 안심하고 시중에서 먹을거리를 구입하는 사람이 대한민국에 과연 몇이나 있을까? 하루가 멀다하고 터져 나오는 식품안전사고들은 안심하고 먹을 수 있는 음식이 과연 우리 주변에 있을까 하는 의구심이 들게 한다. 발암물질과 환경호르몬, 중금속과 농약, 식용으로 둔갑한 공업용 재료, 집단 식중독 등 듣기만 해도 섬뜩한 단어들이 우리의 식탁을 위협하고 있다. 유통기한을 속여 팔아서 적발되었다는 뉴스는 이제 사람들의 관심조차 끌지 못하는 실정이다.

기존 먹을거리에 대한 강한 불신을 갖고 있었지만 아이의 이유식을 고민하기 전까지 우리는 남들처럼 대형 할인점과 시장, 슈퍼마켓을 이용해서 농산물을 구입했다. 의심스러웠고 걱정스러웠지만 다른 선택의 여지가 없었기 때문이다. 그런데 아이의 이유식에 대해 고민하면서 기존의 먹을거리를 그대로 아이에게 먹일 수는 없다고 판단했다. 오염된 음식물은 성장하는 아이에게 치명적이라는 생각이 들었기 때문이다. 그렇다고 시중에 나와 있는 유기농산물만을 전적으로 사서 먹이기에는 경제적 부담이 만만치 않았다. 그때 우리가 선택한 것이 바로 무농약 농산물, 유기농산물만 파는 조합에 가입하는 것이었다. 물론 시중에서 무농약이나 유기농산물을 구입할 수도 있었지만, 아무래도 안정적이지 않다고 생각했기 때문이다.

다행스럽게도 우리가 사는 곳에는 한국생협연대(www.coop.co.kr)에 소속된 인천생협이 있어서 그곳을 이용하기로 했다. 생협이 좋았던 점은 일정한 금액을 출자해서 조합원이 되면 실제 생협의 운영에 참가할 수 있다는 점이었다. 인터넷을 통해 주문하고 배달받는 점도 마음에 들었다. 생협뿐 아니라 인터넷을 통해 회원제로 유기농산물을 이용할 수 있는 곳은 쉽게 찾을 수 있다.

유기농산물을 구입할 수 있는 단체나 인터넷 회원에 가입하려면 먼저 자신이 사는 곳에 원활하게 물품을 공급해 줄 수 있는지 여부를 고려해야 한다. 그리고 무엇보다 판매되는 농산물에 대한 안전검증 시스템이 갖추어져 있는지를 살펴야 한다. 물품에 대한 안전검증 시스템이 제대로 갖추어져 있어야만 안심하고 구입할 수 있기 때문이다. 우리가 생협에 가입했던 것은 물품을 안정적으로 공급받을 수 있는 여건이었기 때문이기도 했지만, 공급하는 제품에 대한 검증체계가 제대로 갖추어져 있음을 확인했기 때문이었다. 회원으로 가입했다면 단지 유기농산물을 인터넷을 통해 구매하는 데 머물지 말고 적극적으로 회원활동에 참여할 것을 권한다. 물품을 구매만 할 때보다 분명 많은 것을 얻을 수 있을 것이다.

우리가 처음 유기농산물을 이용한 것은 아이의 이유식 때문이었지만, 이제는 가족 전체의 먹을거리를 유기농산물로 하고 있다. 이용하면 할수록 유기농산물이 시중에서 판매되는 일반 농산물보다 좋다는 게 확인된 탓이다. 초기에는 조합비에 대한 부담이 조금 있었지만, 시중에서 구매하는 것보다 가격도 오히려 저렴하다는 사실을 곧 확인할 수 있었다. 이렇게 유기농산물을 애용하게 되면서 시중에서 혹 농산물을 구입하더라도 철저하게 유기농산물과 비교하며 사는 습관이 생겼다.

우리는 주변 사람들에게 아이의 건강은 물론 가족 모두의 건강을 위해서, 아니 사회의 건강을 위해서 유기농산물을 이용할 것을 적극적으로 권하고 있다. 유기농산물 이용이 확대되어야 가족과 사회도 건강해지고, 농촌도 살아날 거라고 믿기 때문이다.

이유식을 직접 만들어 먹이지 않고 시판 이유식을 먹이는 이유는 바쁜 생활로 인해 여유를 찾기 쉽지 않거나 직접 만들어 먹이는 것의 중요성을 인식하지 못하기 때문이다. 이유식 만드는 것에 대한 자신감의 결여 또한 시판 이유식을 선호하는 이유가 되고 있다. 시중에 나와 있는 책이나 인터넷을 보면 성공적인 이유식을 위한 지침은 충분히 나와 있다. 문제는 직접 만들어 먹이겠다는 각오와 실천이다.

① 이유식은 반드시 만들어 먹이겠다고 부부가 함께 다짐한다.

아이의 건강과 두뇌발달, 올바른 식습관 형성을 위해서는 반드시 이유식을 직접 만들어 먹여야 한다. 또한 그 다짐은 단순히 엄마의 몫이어서는 안 된다. 부부가 함께 이유식을 직접 만들어 먹여야 하는 필요성에 대해 대화를 나누고 다짐해야 한다. 이유식을 시작하기에 앞서 정보를 찾고 필요한 물품과 계획표를 함께 준비해야 한다.

② 월령에 맞는 이유식 계획표를 작성한다.

막연히 이유식을 만들어 먹이겠다고만 생각을 하면 잘 만들 수 있을까 의구심이 들고 자신감이 떨어진다. 또한 당장 오늘은 무엇을 먹일지 고민을 하다보면 이유식 만들어 먹이기는 더더욱 어려워지기 마련이다. 따라서 이유식을 시작하기에 앞서 월령에 맞는 계획표를 세우는 것이 좋다. 계획표에는 월령에 맞는 식품과 함께 식단표도 준비하는 것이 좋다.

③ 지나치게 빨리 시작하지 않는다.

이유란 말 그대로 젖을 떼고 음식을 씹어 먹는 훈련을 하는 것이다. 따라서 이가 나는 시기를 전후하여 시작하는 것이 가장 좋다. 너무 빨리 이유식을 시작할 경우 제대로 성장하지 않은 아이의 소화기관에 무리가 갈 수 있고, 이로 인해 알레르기 가능성이 그만큼 높아질 수 있다. 시중에 나와 있는 많은 정보들의 경우 지나치게 이유식의 시작 시기를 빠르게 설정하고 있는데, 이를 충분히 감안해서 받아들여야 한다.

④ 올바른 이유식 방법을 숙지한다.

다양하게 소개되어 있는 성공적인 이유식을 위한 지침들을 충분히 숙지하고 있어야 한다. 특히 다음 사항은 꼭 유의해야 할 것이다. 먼저 이유식의 가장 중요한 목적은 영양 섭취와 함께 씹는 훈련과 올바른 식습관 형성에 있다는 점이다. 따라서 지나치게 영양만을 생각하는 경향을 가장 조심해야 한다. 영양을 너무 고려할 경우 부적당한 음식을 지나치게 빨리 먹이게 되고, 이로 인해 알레르기를 일으키는 경우가 흔하다. 초기 이유식은 곡물로 하고 여러 가지 음식을 섞어 먹이지 않으며, 먹인 후 반드시 알레르기 반응을 살피고 소금 간을 하지 않는 등의 원칙을 철저히 지켜야 한다. 또한 올바른 식습관 형성을 위해 음식에 간을 하는 것을 최대한 늦추는 것이 좋다.

⑤ 유기농산물을 이용하여 만든다.

환경오염이 심하고 제대로 된 먹을거리를 안심하고 찾기 힘든 상황에서 이유식 재료를 시중에서 아무렇게나 구입할 수는 없다. 이유식은 유기농 농산물을 이용해야 한다. 또한 되도록 시중에서 파는 유기농 농산물보다 안전이 확인된 단체에 회원으로 가입하여 구입할 것을 권한다. 제철 음식을 먹이고, 우리 음식을 먹이는 것도 중요한 일이다.

⑥ 초기 이유식은 손쉽게 만들어 먹인다.

초기 이유식은 만드는 것이 어렵지 않다. 따라서 이유 초기에는 이유식 만드는 것에 대한 부담감을 버리고 간편하게 만들어 먹여야 한다. 밥 먹기 전에 묽은 죽을 만든다든지, 감자요리를 하면서 감자를 삶아 으깨어 먹이는 것 등이 그 방법이다. 이렇게 초기에 익숙해져야 다음 단계의 보다 복잡한 이유식 만들기에 익숙해질 수 있다.

⑦ 자신만의 조리법을 준비한다.

중기 이후에는 이유식 만들기가 복잡해지고 여러 가지 종류를 먹여야 한다. 이럴 때 영양도 골고루 갖추면서 빠르게 조리할 수 있는 자신만의 노하우를 만든다면, 이유식 만드는 부담이 훨씬 줄어들 것이다. 우리 같은 경우 앞서 소개한 대로 서너 가지 이유식을 재료만 달리하여 한꺼번에 만드는 방법으로 이유식 만드는 부담과 시간을 크게 줄였다.

⑧ 아빠도 꼭 이유식을 만들어 본다.

아빠들도 이유식을 꼭 만들어 보아야 이유식 만들기의 어려움을 알게 되고, 아이에게 그만큼 많은 신경을 쓰게 된다. 아이가 이유식을 끝내기 전까지 적어도 세 가지 이상 자신 있게 만들 수 있는 메뉴를 개발한다.

⑨ 즐겁게 식사한다.

식사시간은 즐거워야 한다. 그것은 아이에게도 어른에게도 마찬가지이다. 식사시간이 즐거워야 아이들도 먹는 것에 즐거움을 느끼고, 여러 가지 음식을 탈 없이 소화할 수 있다. 먹이는 어른도 마찬가지로 즐거워야 한다. 아이가 먹는 것에 지나치게 신경을 쓰다보면 이 유식 먹는 시간이 전쟁이 되고 괜한 스트레스에 시달리는 경우가 많다. 먹이는 사람이 즐 거워야 먹는 아이도 즐겁게 먹을 수 있다.

⑩ 맞벌이인 경우에도 이유식을 만들어 먹인다.

맞벌이를 하는 경우 보육자의 부담을 염려하여 직접 만든 이유식을 먹이는 것이 어려울 수도 있다. 그러나 모유수유와 마찬가지로 이유식 또한 절대 포기해선 안 될 중요한 것이 다. 모유와 마찬가지로 이유식도 얼려서 보관할 수 있다. 일주일에 두 번 정도 만들어서 냉 동한 후 먹일 때 살짝 데워서 먹이기만 하면 되므로 보육자를 충분히 설득하여 협조를 구 해야 한다.

아이의 정서적 안정을 위한 친근한 보살핌

돈과 사랑을 먹고 크는 아이

아이를 키우며 들었던 여러 가지 말들 중에 가장 기억에 남는 말이 있다면 그것은 '아이는 돈과 사랑을 먹고 자란다'는 말이다. 그 말을 듣는 순간 절로 웃음이 나오며 맞장구가 쳐졌다. 그 말을 옆집 사는 선배에게 했더니 '아이는 사랑보다 돈을 더 많이 먹는다'라고 하면서 아이는 '돈 먹는 기계'라고 투덜거렸다. 맞는 얘기였다. 아이를 키우다 보면 정상적인 가정생활을 유지하기 힘들 만큼 많은 돈이 들어간다. 육아의 부담이 고스란히 개별 가정에게 맡겨져 있는 우리 사회의 후진성이 빚은 결과이다.

아이가 커감에 따라 손 가는 일이 많이 줄어들었지만, 더 많은 정성과 관심이 요구되었다. 적절한 이유식은 물론 월령에 맞는 운동과 놀이, 장난감과 그림책 등이 필요해졌다. 아내는 아이에게 필요한 문제가 대두되면 먼저 공부를 했다. 아이의 그림책 하나, 장난감 하나를 고르기 전에도 미리 공부를 해서 스스로 준비한 후에 적절한 걸 골랐다. 아이의 그림책을 사주기 위해 아내는 여러 권의 책을 읽고 다양한 정보를 수집하더니 아이의 연령과 필요에 따른 좋은 책 200여 권을 일목요연하게 정리했다. 물론 그 책들을 모두 사줄 수 없는 처지였지만, 그렇게 한 번 정리를 하자 그림책 사기가 훨씬 용이해졌다.

부모들은 아이들에게 많은 장난감과 책을 사준다. 가정생활에 여유가 없더라도 적게는 수십만 원에서 많게는 수백만 원 하는 시리즈물을 갖고 있는 집을 발견하는 것은 흔한 일이다. 비싼 장난감과 책을 사주는 데 그치지 않고 서너 살부터 조기

영어 교육이다 뭐다하며 많은 교육을 시킬 뿐 아니라, 심지어 백일이 갓 넘은 아기에게 교사가 방문하는 교육을 시키기도 한다. 그러나 그렇게 열성인 부모들 중에 정작 육아에 관해 공부를 하는 부모는 얼마나 될까? 아이에게 무언가를 가르치려면 부모가 먼저 공부를 해야 함은 당연하다. 수십, 수백만 원 하는 시리즈물을 사주는 것은 부모가 자신의 노력 없이 손쉽게 책임을 회피하기 위한 수단이라고 하면 지나친 말일까? 아이가 좋아하고 월령과 발달정도에 맞는 적절한 장난감과 책을 제공하고 적절한 놀이를 해주는 것은 부모가 공부를 하고 노력해야만 가능하다. 물론 전문가가 아닌 이상 완벽할 수는 없다. 그러나 아이에게 책과 장난감을 사주기 전에 왜 그러한 책과 장난감이 필요한지를 먼저 공부하고 생각해 보는 것은 그리 어렵지 않다고 본다.

요즘 아이들은 대부분 값비싼 분유를 먹고, 유명한 회사의 이유식을 먹는다. 기저귀는 당연히 순면에 가깝다는 종이 기저귀를 쓰고, 뱃속에서부터 유명한 명곡들을 듣고 자란다. 엄마 아빠 품에 안겨 지내기보다는 버릇 나빠진다는 이유로 잘 안기지도 못하며, 보행기를 타면서 안전을 보장받는다. 모두가 그런 것은 아니지만 아이들의 호기심은 항상 '안 돼'라는 강력한 제지 앞에서 좌절되곤 한다. 요즘의 아이들은 그렇게 자란다.

우리 아이는 엄마 젖을 먹고 자랐다. 분유는 한 모금도 먹은 적이 없고, 이유식도 시중에서 파는 것은 단 한 번도 먹어보지 못한 채 항상 엄마 아빠가 무공해 농산물로 직접 만들어준 것만 먹었다. 기저귀는 가끔 종이 기저귀를 사용하기는 했지만, 거의 99% 천 기저귀를 차고 다녔다. 아이가 어릴 때 가장 많이 들었던 음악은 엄마가 직접 불러주는 자장가와 우리나라 정서가 배어나는 민요와 동요였다. 원하면 엄마 아빠가 항상 안아주었고 보행기는 딱 한 번 다른 사람이 태워준 적이 있을 뿐이다. 세상에 대한 호기심은 위험한 경우가 아니라면 제지당해 본 적이 없다. 우리 아이는 그렇게 자라고 있다.

우리의 아이들을 어떻게 키워야 할까? 분유와 시판 이유식, 종이 기저귀와 클래식 명곡, 잘 안아주지 않고 '안 돼'라는 말로 제약하며 키워야 하는가? 아니면 모유와 직접 만든 이유식, 천 기저귀와 엄마의 자장가, 잘 안아주고 호기심을 만족시키며 키워야 하는가? 아이들을 키우는 데 많은 돈이 들긴 하지만 기본적으로 사랑과 정성이 더 많이 필요하다고 나는 믿는다. 사랑이 가고 관심이 가는 만큼, 손길이 가는 딱 그만큼, 아이들은 자란다. 장난감과 책에 대해 깊은 고민 없이 선택하는 시리즈물, 아이의 영양과 평생 동안의 식습관에 대한 고려 없이 손쉽게 선택하는 시판 이유식, 아이가 가장 좋아하는 엄마 아빠 목소리로 정감 있게 불러주는 자장가와 이야기 대신 손쉽게 선택하는 기계음은 과연 올바른 것일까? 아이를 정말 사랑한다면 아이에게 맞는 책과 장난감을 하나하나 고르는 노력과 손수 이유식을 만드는 정성, 그리고 열심히 자장가와 동요를 불러주고 동화를 들려주는 부모의 따뜻함이 필요하지 않을까?

아이는 자연분만에 모유수유, 천 기저귀에 엄마가 직접 만들어준 적절한 이유식을 원하고 있다. 세상에 처음 태어난 아이는 엄마의 사랑과 보살핌을 원하고 있으며, 세상에 대한 무한한 호기심이 충분히 채워지길 바라고 있다. 그런데 어른들은 무섭다는 이유로 제왕절개를 하고 힘들다는 이유로 분유와 시판 이유식을 먹이며 간편하다는 이유로 종이 기저귀를 사용한다. 버릇을 들인다거나 독립심을 키운다는 명목으로 잘 안아주지 않으며, 보호한다는 명목으로 아이의 호기심을 억누르고 있다. 모두 다 '어른 중심적'으로 사고한 결과이다. 이러한 어른 중심의 육아태도는 아이가 성장한 후에도 부모와 어른, 사회가 일방적으로 강요하는 교육으로 연결되고 있다. 극성스럽게 아이를 위해 투자하지만, 과연 그 투자가 아이들이 진정 원하는 것일까? 흔히 이야기하는 부모들의 극성스러움은 아이를 중심에 두고 사고하지 못한 결과라고 믿는다.

자연분만에 모유수유, 천 기저귀에 무공해 이유식을 한다고 하면 극성스럽다는 말을 많이 듣는다. 그러나 그것은 극성이 아니라 정성이다. 극성과 정성의 차이는 아이를 중심에 두느냐 그렇지 못하느냐에 있다. 사실 위에서 거론한 육아 방식은 새로운 방식이 아니라 예전에 우리의 선조들이 아이를 키우던 자연스러운 방식이었다. 기나긴 우리 역사에서 지금처럼 부자연스럽고 비인간적인 육아 방식이 중심이 된 적은 없었다. 과학이 발달하고 교육철학과 방법이 발달했지만, 아이에 대한 부모의 사랑과 정성이 가장 기본적인 육아 원칙이라는 점은 변하지 않을 것이다.

엄마 젖 다음은 아빠 품

두 돌이 됐지만 우리 아이가 세상에서 가장 좋아하고 행복해 하는 순간은 엄마 젖을 빨 때이다. 아무리 울다가도 엄마 젖만 물면 뭐가 그리 좋은지 얼굴이 환해지고 입가에는 미소가 절로 따라온다. 그런데 아이가 엄마 젖 다음으로 편하게 여기는 것은 아빠 품이다. 물론 엄마에게 업히는 것도 무척 좋아하는데, 편하기로는 아빠 품이 더 위에 있다는 게 내 생각이다. 엄마에게 업히는 것보다 아빠 품을 아이가 더 편안하게 생각한다고 여기는 데에는 그럴 만한 이유가 있다.

아이는 엄마 젖을 빨며 자는 것을 가장 좋아하고, 그것이 가장 효과적으로 잠을 재우는 방법이기도 하다. 그런데 엄마가 3교대 근무를 하는 간호사이다 보니 밤중에 젖을 빨며 잠들지 못하는 경우가 발생하고 그런 날이면 내가 직접 재우는 수밖에 없다. 아이를 안아 재울 때는 항상 슬링을 이용한다. 슬링으로 아이를 안을 경우 아이와 온몸이 밀착되고, 아빠의 가슴에 아이의 머리가 닿게 되는데 이때 아빠의 심장소리가 아이에게 전달된다. 아빠의 땀 냄새와 다독거림, 아빠의 심장소리를 들으며 아이는 편안하게 잠이 든다. 책을 숱하게 읽어주고, 자장가를 불러주고, 인형을 동원해서 역할 놀이를 하며 재우려고 해도 자지 않던 아이가 아빠가 포근히 안고서 다독거려주면 금방 잠이 든다. 아빠 품에 안겨 쌔근거리며 잠든 아이를 보는 느낌, 품속에 푹 안겨 오직 아빠만을 의지한 채 살포시 잠든 아이를 꼭 껴안는 느낌은 이루 말할 수 없이 좋다. 그 어떤 것과도 비교할 수 없는 행복감이다.

아이가 엄마 젖 다음으로 편하게 여기는 것은 아빠 품이다. 물론 엄마에게 업히는 것도 무척 좋아하는데, 편하기로는 아빠 품이 더 위에 있다는 게 내 생각이다.

출산 후 몸조리를 하고 집으로 돌아왔을 때 어른들과 주변 사람들로부터 처음 들었던 말은 "너무 자주 안아주면 버릇 나빠진다"는 것이었다. 언젠가 아이의 할머니가 집에 오셨을 때 아이를 자주 안아주지 못하게 해서 당황했던 기억이 아직도 생생하다. 맞벌이인데다 주변에 일가친척도 없는 상황에서 처음부터 자주 안아주면 아기 돌보는 사람이 힘들어진다는 경험자의 충고까지 듣게 되면, 아이를 자주 안아주는 것이 무슨 죄를 짓는 게 아닌가 싶기도 했다. 그럼에도 불구하고 우리는 아이를 자주 안아주었다. 아이 스스로 사랑받고 있다는 느낌, 안전하게 보호받고 있다는 느낌을 갖는 것이 우선이라는 생각 때문이었다. 그래서 주변의 모든 충고를 무시하고 우리는 틈만 나면 아이를 안아주었다. 내가 출근하고 언니의 도움으로 집에서 산후 조리를 하던 아내는 하루 한두 시간을 제외하고 계속해서 안고 있었던 적도 있다고 나중에 털어놓았다. 너무 예뻐서 도저히 내려놓을 수 없었다고 한다.

그렇게 많이 안아준 결과 아이는 주변의 우려대로 버릇이 없고, 돌보는 사람을 힘들게 했을까? 결코 아니었다. 아내의 출산휴가가 끝나고 지금까지 두 아주머니와 어린이집을 거쳤지만, 버릇없거나 자주 안아달라고 해서 아이 돌보는 것이 힘들었다는 소리를 들어본 적이 없다. 물론 아이의 성격 탓일 수도 있지만 평소 부모가 충분히 안아주었기 때문에 다른 사람이 돌볼 때도 오히려 안정된 생활을 할 수 있었던 듯싶다.

부모에게 안기고 싶은 것은 아이의 가장 기본적인 욕구이고, 부모 또한 아이를 자주 안고 싶어 한다. 힘없는 아이들은 자신이 안전하게 보호받고 있음을 끊임없이 확인하고 싶어 하고, 사랑받고 있음을 확인하고 싶어 한다. 아이들은 보호받고 싶어 하고, 부모는 아이를 보호하고 싶어 한다. 이것은 자연의 가장 자연스런 섭리이며, 이 섭리를 따르는 것이 아이에게나 부모에게 가장 좋다고 믿는다. 아이는 부모와 몸으로 부대끼고 잦은 피부접촉을 가질 때 사랑을 느끼고 안정된 성격이 형성된다. 뿐만 아니라 최근 발표된 연구에 따르면 자주 안아주고, 만져주고, 마사지 해준 아이가 발육이 빠르다고 한다. 안정된 성격 형성을 위해서도 건강한 발육을 위해서도 자주 안아주고, 만져주는 것이 필요하다는 말이다. 우리 집에는 '아기 침대'나 '아기용 흔들의자'가 없다. 아기 침대보다 백 배 좋은 엄마 품이 있고, 흔들의자보다 훨씬 안락한 아빠 품이 있기 때문이다. 아이에게 세상에서 제일 좋은 곳은 부모의 품이다. 부모에게도 마찬가지다. 아이를 안고 있을 때의 행복감은 이루 말할 수 없다. 아빠 품에 푹 안겨서 쌔근쌔근 잠든 아이를 안고 있을 때의 편안함과 사랑스러움은 그 어떤 것과도 비교가 되지 않는다.

자장자장 우리 아가

아이를 키우며 대부분의 일을 아내와 함께하게 되었지만, 함께하지 못하고 따라가지 못하는 것이 있다면 모유수유, 이유식 만들기와 함께 자장가 불러주기가 있다. 모유수유는 당연하고 이유식은 음식 솜씨의 차이 때문에 어쩔 수 없다고 해도 자장가는 조금 사정이 다르다.

아내가 처음부터 자장가를 잘 불렀던 것은 아니다. 어느 날 『자장자장 엄마 품에』(한림출판사)라는 책을 사오더니 이러저러한 점이 좋다고 하면서 자장가를 불러주자고 했다. 그러나 아내는 의욕과 달리 자장가를 잘 불러주지 못했다. 왜냐하면 조금이라도 아는 사람이라면 결코 노래를 시키지 않을 정도로 아내는 음치에 박치였기 때문이다. 처음엔 민요를 배운 경험이 있는 내가 민요가락에 맞추어 자장가를 더 잘 불러주었다. 아내에게 음과 박자를 가르쳐 주는 데도 한참이 걸렸다. 그러나 역시 모성은 위대했다. 어느 순간 음과 박자를 터득한 아내는 순식간에 책에 있는 자장가를 거의 다 외워서 불러주었다. 젖을 물리고 아이의 등을 토닥이며 자장가를 불러주는 모습을 보고 있노라면 나조차 마음이 잔잔해지고 평화로워진다.

『자장자장 엄마 품에』는 임신을 한 부부나 아이를 낳은 부부들에게 꼭 권하고 싶은 책이다. 이 책은 자장가 노래, 글뿐 아니라 그림에도 한국적인 정서와 아이들에 대한 사랑이 듬뿍 담겨 있어서 아이들에게 그림책으로 보여주어도 좋다. 다음에 소개하는 것은 아내가 자주 불러주는 자장가 중 하나이다.

♫~
아기자장 아기자장 워리자장 아기자장
머리끝에 오는잠이 눈썹밑에 내려와서
코끝으로 살살기어 깜빡깜빡 스르르르
우리아기 잘도잔다 자장자장 잘도잔다
앞집개는 못도자고 뒷집개도 못도자네
워리워리 못도자네 우리아긴 잘도자네
~♪♫

이 자장가를 듣고 있다보면 절로 따뜻한 마음이 들면서 잠이 들 것 같지 않은가? 자장가뿐 아니라 동요와 관련해서 추천하고 싶은 책은 백창우 씨가 만든『새로 다듬고 엮은 전래동요』와『이원수 시에 붙인 노래들』(보림)이다.『새로 다듬고 엮은 전래동요』는 많은 사람들의 가슴 속에 남아 있는 우리 가락과 노래를 새롭게 다듬어서 모아놓은 것으로 우리 민족의 정서와 가락을 아이들에게 심어줄 수 있어서 좋다.『이원수 시에 붙인 노래들』은 우리가 살고 있는 땅과 바다, 산과 들, 아이들이 보는 세상의 모습을 눈에 보일듯이 표현한 이원수 시인의 시에 곡을 붙인 것이다. 다음은 우리가 자주 불러주는 노래 중 한 곡이다. 이 노래를 부를 때마다 눈앞에 어릴 적 시골풍경이 훤하게 보이는 듯한 느낌이 들곤 한다.

♫~
봄이 오면 바다는 찰랑찰랑 차알랑 모래밭엔 게들이 살금살금 나오고
우리 동무 뱃전에 나란히 앉아 물결에 한들한들 노래 불렀지
내 고향 바다, 내 고향 바다

자려고 눈 감아도 화안히 뵈네 은고기 비늘처럼 반짝이는
내 고향 바다, 내 고향 바다
~ ♪♬

자장가를 불러주고, 우리 정서와 감정에 맞는 동요와 민요를 아이에게 들려주노라면 불러주는 나조차 마음이 편안해진 경우가 참 많았다. 자장가를 불러주면 아이는 친근한 엄마 아빠 목소리에 금방 안정감을 찾는다. 등을 토닥이며 자장가를 나지막이 부르는 동안 아이는 엄마 아빠의 얼굴을 빤히 쳐다보며 편안한 표정을 짓는다. 눈망울은 한없이 맑고 깨끗하며 평화롭다. 자장가를 불러주다 보면 아이가 자장가 소리에 얼마나 안정이 되는지 금세 확인할 수 있다.

어느 나라를 가든지 그 나라 문화와 정서에 맞는 자장가가 있다고 한다. 우리 아이들에겐 우리나라 정서와 문화에 맞는 자장가를 불러주어야 한다. 우리말로 된 자장가에는 의성어와 의태어가 풍부하고 4-4조의 리듬감이 있어 우리 언어의 리듬감을 잘 살려주고, 우리말의 특성을 잘 드러내어 준다. 다정하고 따뜻한 엄마 아빠의 자장가 소리는 아이의 정서적 안정뿐 아니라 언어 발달에도 많은 도움이 되지 않을까 싶다.

클래식 CD를 구입하기 위해 돈을 들이는 대신 자장가와 우리 동요를 직접 불러주는 정성을 들이는 것은 어떨까? 값비싼 유아교육용 교재의 효과는 사실 그리 믿음직스러워 보이지 않는다. 그러나 아이에게 자장가와 우리 동요를 꾸준히 불러주는 것은 정서적 안정뿐 아니라 아이의 언어와 지능발달에 확실히 도움이 된다. 그렇다면 조금 수고스럽고 시간이 걸리더라도 정성을 들여볼 만하다고 생각한다.

시중에 수많은 육아 지침서가 나오고, 값비싼 교육용 교재가 불티나게 팔려나가

는 시대이다. 남들보다 똑똑하고 건강하게 키우기 위해 부모들의 피나는 노력이 넘쳐나는 시대이다. 그러나 현대 과학과 교육학자들의 연구 결과는 사랑과 정성에 기초한 자연스런 육아법이 가장 훌륭하다는 점을 증명하고 있다. 아이를 건강하고 올바르게 키우고 싶다면 돈을 들일 것이 아니라, 정성을 들여야 한다.

애착과 자율감

초보 아빠 시절 기저귀를 갈고, 출근한 아내 대신 젖 녹여 먹이고, 목욕시키는 일은 참으로 곤혹스러운 일들이었다. 이런 일들에 익숙해진 후에는 하루가 다르게 성장하는 아이를 어떻게 대할지가 무척이나 고민스러웠다. 대부분의 부모들은 몇 가지 사전 지식만을 가지고 육아의 힘겨운 산을 넘어간다. 사실 하루 종일 직장에서 시달리면서 육아를 위한 전문지식을 습득하는 것은 힘겨운 일이다.

영유아기 시기는 인생의 기초 단계를 다지는 중요한 시기이며, 부모의 보살핌이 가장 필요한 시기라고 한다. 따라서 영유아기 시기에는 먼저 '애착관계'와 '자율감'이 형성되어야 하고, 세상에 대한 호기심이 충분히 충족되어야 하며, 성장과 발달에 충분한 운동의 기회와 함께 창조적인 놀이가 반드시 제공되어야 한다. 이 네 가지 원칙은 나름대로 공부도 하고 아이를 돌보는 경험이 쌓이면서 체득된 것들이다.

무엇보다 태어나서 돌까지의 영아기에는 애착관계의 형성이, 돌에서 세 살까지의 유아기에는 자율감의 형성이 가장 중요하다. 영유아기의 아이에게 가장 중요한 과업은 엄마와 '애착'을 형성하는 것이다. 애착의 형성은 일생을 좌우하는 중요한 문제이다. 애착은 양육자, 특히 엄마에 대한 아이의 신뢰감이다. 이 신뢰감이 형성되지 않으면 아이는 엄마를 불신하게 되고, 그것은 다른 모든 이들에 대한 불신으로 이어진다. 또한 내가 요구를 해도 들어주지 않는구나 하고 생각하고 적극적으로 자신의 의견을 피력하지 않게 되며, 타인과의 인간관계도 제대로 풀어나가지 못하게 된다.

애착을 잘 형성하는 방법에는 두 가지가 있다. 첫째가 모유수유이고, 둘째가 아이의 요구나 행동, 말에 즉각적으로 반응을 해주는 것이다. 모유수유를 할 경우 아이에게 자연스럽게 관심이 가게 되고, 아이 또한 모유수유 과정에서 엄마의 절대적인 사랑을 느끼게 되므로 모유수유는 애착 형성을 위한 가장 좋은 방법이다. 또한 아이에 대해 적극적으로 반응하는 것은 애착 형성의 가장 기본적인 방법이다. 아이가 무언가 요구했을 때 바로바로 반응을 보이지 않으면, 아이는 자신이 무언가를 요구해도 들어주지 않는구나 라고 생각하고 자신의 의견을 피력하지 않게 된다. 수동적이 되고 자신을 표현하는 능력이 떨어질 뿐 아니라, 자신의 요구에 반응도 하지 않는 양육자에 대한 믿음을 상실한다. 적극적으로 반응을 하라는 것이 무조건 아이의 요구를 수용하라는 말은 아니다. 들어줄 수 없는 요구일지라도 무시하거나 안 된다고 잘라 말하지 말고 왜 안 되는지 차분히, 그리고 끈기 있게 설명해 준 후에 거부해야 한다. 말귀를 알아듣지 못하기 때문에 설명이 필요 없다는 생각은 금물이다. 영유아기의 아이는 부모를 통해 세상을 배우고, 부모를 통해 다른 사람을 알아간다. 그만큼 부모의 사랑과 적극적인 반응이 중요하다.

어떤 이들은 영유아기 아이가 이유 없이 짜증을 부리는 경우 심하게 나무라거나 버릇을 들인다는 이유로 지칠 때까지 방치하며 신경전을 벌이는 경우가 있는데, 이는 아이가 자신을 돌보는 사람에 대해 불신하는 계기가 될 수 있으므로 절대 피해야 한다. 절제와 통제는 스스로에 대한 절제력이 생기기 시작하는 돌 이후부터 서서히 가르쳐도 충분하다. 흔히들 아이의 독립심을 길러주려면 과잉보호해서는 안 된다고 하는데, 이는 아이가 자신을 절제하고 통제할 수 있는 이후의 시기에 적용되는 말이다. 그리고 충분한 애착관계의 형성은 독립심의 형성에 결코 방해가 되지 않는다. 아이를 너무 감싸면 독립심을 잃어버릴 것 같지만, 영유아기 때 엄마와 애착관계가 튼튼히 형성된 아이가 오히려 독립심이 강하다는 것은 밝혀진 지 오래다. 아이의 욕구를 북돋아주면서도 아이에게 엄마 아빠가 항상 지켜주고 있다는 느낌, 과잉보호와는 다른 차원의 관심과 사랑이 필요한 것이다.

아이의 버릇은 양육자의 일관된 양육태도에 결정적인 영향을 받는다. 똑같은 사건과 행동에 대해서 부모의 기분에 따라 어떨 땐 용인하고, 어떨 땐 야단치는 경우 아이는 가치판단의 혼란을 겪게 되고 올바른 생활태도 형성에 무리가 따를 수 있다. 그러나 부모가 일관된 태도를 유지할 경우 아이는 무엇이 옳고 그른지, 무엇이 부모님이 좋아하는 행동인지 정확하게 이해하게 되고 그러한 행동을 취하게 된다. 소위 말하는 엄마의 극성으로 아이의 버릇이 나빠지는 것은 일관됨 없이 오직 자기 자식만을 중심에 두고 남이 하면 불륜이요, 자신이 하면 로맨스라는 식으로 모든 것을 가르치고, 아이를 대하기 때문이다. 자신의 아이든, 남의 아이든 일관된 원칙과 육아태도를 가지고 아이를 대하면, 아이는 버릇이 나빠질 수가 없다. 부모를 보며 자연스럽게 삶의 원칙을 배우기 때문이다.

돌이 지난 뒤부터 3세까지의 유아기는 자율감이 형성되는 시기로, 부모에게 매달리고 의존적인 단계에서 점차 자신의 심중과 의지를 지닌 인간으로 발달한다. 이 시기를 적절하게 보내게 되면 아이는 공포나 외부의 힘이 가해지는 강제에 의해서가 아니라 자존감에 따라 어느 정도의 자기통제가 가능해진다. 만약 이 시기 동안 아이가 자율감을 형성하지 못할 경우 아이는 자신과 타인들의 가치를 의심하게 되고 수줍음, 의심, 수치심을 가지게 된다. 따라서 절제와 통제를 가르칠 때에도 강제에 의한 방법, 야단치는 방법은 지극히 위험하다. 아무리 어린아이라 할지라도 왜 그렇게 하면 안 되는지 충분히 설명하고, 경험을 통해서 스스로 판단할 수 있는 기회를 주어야 한다.

아이를 어린이집에 맡기던 때, 아이가 다른 아이를 자꾸 문 적이 있었다. 다른 아이뿐 아니라 엄마 아빠도 틈만 나면 물려고 했다. 그러나 그 순간에도 결코 야단을 치지 않고 "깨물면 아야 하니까 깨물지 말아야지"하고 차분히 설명해 주었다. 그러면 알아들었는지 잠시 동안은 깨물지 않았다. 그러나 그런 말에도 불구하고 계속 깨물 때는 싫다는 표정을 분명하게 표현하면서 "너를 사랑하지만 이런 건 정말 싫구나"라며 좀더 적극적으로 이야기를 해주었다. 그런 일이 계속 반복되자 아이도 알아들었는지 더 이상 깨물지 않았다. 물론 아주 어린아이에게 이런 방식으로 행동을 가르치는 것은 힘들다. 부모의 말을 제대로 이해하지 못할 뿐 아니라 효율성 면에서도 떨어진다. 그러나 효율성을 이유로 강압적인 방법을 동원해 행동을 통제하는 것은 결코 바람직하지 않다.

'절제와 통제'의 대표적인 것이 대소변을 가리는 것인데 강제력을 사용하는 것의 위험성을 잘 보여주는 예이다. 대소변을 가리는 시기는 '항문기'와 일치하며, 항문기는 대소변을 방출하면서 감각적인 만족을 얻는 시기를 말한다. 프로이트에 따르면 배변 훈련을 원활하게 한 경우 관대한 성격이 형성되는 반면, 반대로 부모가 강제력을 사용했다면 강한 소유욕, 절약, 강박적인 청결 등의 성격을 갖게 될 것이라고 했다. 다시 말해 스크루지와 같은 수전노가 될 우려가 높다는 말이다.

물론 아이를 단 한 번도 야단치지 않고 키운다는 것은 신이 아닌 이상 불가능한 일이다. 그리고 어떤 때는 아주 어린아이일지라도 따끔하게 야단을 칠 필요도 있다.

문제는 야단을 친 다음이다. 야단을 친 후에는 반드시 엄마 아빠의 사랑을 확인해 주어야 한다. 너를 사랑하기에 야단을 쳤다는 것, 사랑하지만 그렇게 행동하고 말하는 것은 잘못된 것이기에 야단을 쳤다는 것을 확인해 주어야 한다. 꼭 껴안거나 사랑스런 말로 아이를 다독여주어야 한다. 그래야 아이는 자신의 잘못을 보다 잘 깨닫게 되고, 엄마 아빠가 자신을 결코 미워해서 야단친 것이 아니라는 사실을 알게 된다.

호기심은 학습의 원동력

아이들은 탐구를 통해 세상을 배운다. 탐구는 아이가 사물을 배우고 문제를 해결하는 방법을 배우는 첫 단계이다. 아이들에겐 모든 사물의 모양과 작동이 신기하게 다가온다. 세상에 태어나 처음 보는 것들이니 신기한 게 당연하다. 아이들은 또한 엄마나 어른들이 하는 행동을 그대로 따라하려고 하는 모방성과 모험심이 넘쳐난다. 이러한 탐구 과정 속에서 아이들은 손과 눈의 조화를 이루게 되고 근육이 발달하며 사회성과 정서와 지능, 그리고 창조적인 능력이 계발된다. 이러한 탐구심, 호기심이야말로 아이가 세상을 배우고 학습하는 원동력이라 할 것이다. 따라서 호기심 가득한 아이가 새로운 것을 만지고 느낄 수 있는 충분한 기회를 보장해 주어야 한다.

아이는 학습 능력을 가지고 태어난다. 어른들이 억지로 가르치지 않아도 스스로의 힘으로 세상을 배우고 익히는 능력을 가지고 태어난다. 따라서 아이에게 가장 필요한 것은 가르치는 것이 아니라 스스로의 힘으로 탐험할 수 있는 기회를 제공하는 것이다. 요즘 들어 수많은 영재교육 프로그램이 나오고 갓난아기에게 교육용 카드를 보여주고 음악을 들려주는 등 유아기 때부터 많은 학습을 시키지만, 가장 필요한 것은 아이의 호기심이 채워질 수 있는 경험의 확대이다.

우리 아이는 타고난 호기심 꾼이다. 기어 다닐 때부터 새로운 것만 보면 항상 관심을 갖고 이리저리 탐색을 하던 아이는 벽을 잡고 걸어 다닐 수 있게 되면서부터 본격적으로 집안 탐색을 시작했다. 벽을 타고 소파를 지나 부엌의 싱크대까지 아이는 끊임없이 살피고 탐험을 했다. 책과 장난감이 널려 있는 다른 방까지 원정을 가더니 급기야 현관 주변에 놓인 물건들에도 관심을 보였다. 벽을 타고 집안 곳곳을 돌아다니는 그 모습은 마치 스파이더맨 같았다. 잘 걷지도 못할 때부터 넘쳐나던 호기심은 걸음마를 떼면서부터는 감당하기 힘들 정도였다. 한시도 가만히 있지 않고 집안 곳곳을 돌아다니면서 자신이 궁금한 것을 만지고 빨고 집어던지고 굴려보았다. 그리고 더 이상 집안에서 탐험할 게 사라지자 아이는 밖으로 관심을 돌리기 시작했다. 걸음마가 안정기에 접어든 뒤에는 함께 가는 엄마 아빠도 내버려 두고 자신의 호기심을 좇아 이리저리 돌아다녔다. 정말 저 넘치는 에너지가 어디서 나오나 싶게 쉬지 않고 내달렸다. 그때 아내가 붙여준 아이의 별명이 '난 멈추지 않는다'였다. 그러나 우리는 위험한 경우가 아니면 아이의 호기심을 그대로 인정해 주었다. 그래서 그런지 아이의 호기심은 갈수록 더 왕성해지고 있다.

그런데 주위에서 아이가 조금만 부모의 뜻과 어긋난 행동을 하면 제지하고 수정하려드는 모습을 흔히 보고들을 수 있다. 그대로 두면 버릇 나빠진다는 것이 주된 이유라고 했다. 그러나 아이의 호기심이 때론 부모의 뜻과 어긋나고 버릇없어 보일지라도 이를 용인하고, 호기심을 해소해 주어야 한다. 우리 아이를 보더라도 위험한 상황 이외에는 아이가 하는 행동을 대부분 제지하지 않는 편이지만, 버릇 나빠져서 아이를 돌보는 것이 힘들었던 적은 없었다. 오히려 호기심을 충분히 충족시켜주고 자신의 욕구를 분출하게 해줄 때 말을 잘 들었고, 위험하다는 등의 다른 이유로 호기심과 욕구를 통제했을 때는 말을 제대로 듣지 않았다. 아이에게 올바른 성격과 버릇을 가르쳐 주고 싶다면 부모가 좀더 인내심을 발휘하는 것이 필요하다고 생각한다. 물론 아이의 호기심은 안전한 범위 안에서만 보장해 주어야 한다. 요즘 들어 아이가 성장함에 따라 차츰 절제와 통제를 가르치는 중이지만, 기본적으로는 아이가 하고픈 일을 모두 하게 해주는 편이다.

어떤 부모들은 아이가 스스로 무언가를 하려고 하면 알아서 해결해 주거나 세상에 대한 관심을 보일 때 세심하고 구체적으로 반응해 주지 않는 경우가 있는데, 이러한 아이들은 창조적인 능력의 발달에 문제가 있을 수 있다. 특히 이것저것 가리키며 '뭐예요?'하며 끝없이 묻곤 하는 아이들의 질문에 대해서는 아주 사소한 것이라도 충분하고 적절하게 대답해 주어야 한다. 끊임없는 질문은 아이가 가진 능력의 표현이며 세상에 대한 관심의 표현이다. 아이의 질문에 제대로 대답해 주지 않는다면, 아이들은 끝없이 쏟아내던 질문을 멈추게 되고 이는 창조적 능력, 지적 능력의 발달을 저해하는 결과를 낳게 된다. 우리 아이도 질문에 잘 대답해 주는 날이면 끊임없이 질문을 쏟아내곤 하는데, 퇴근 후 조금 피곤해서 대답하는 데 소홀해지면 질문을 곧 멈추는 경우가 여러 번 있었다.

그런데 모든 호기심을 다 만족시켜줄 수 없는 것이 엄연한 현실이다. 위험이 따르는 호기심이나 위생에 좋지 않은 호기심은 제지할 필요가 있다. 문제는 제지하는 방법이다. 아이가 지금 이 순간 관심을 가지고 있는 것을 직접 거론하며 못하게 하면 아이는 짜증을 내고 고집을 부리게 된다. 이러한 짜증과 고집은 종종 엄마 아빠와 마찰을 일으켜 야단을 맞는 계기가 되기도 한다. 이런 경우 가장 좋은 방법은 다른 데로 관심을 돌리게 하는 것이다.

어린이집에 아이를 맡기고 나오려고 하는데 어떤 아이가 엄마와 헤어진 후 계속해서 울고 있는 걸 본 적이 있었다. 엄마는 일하러 간 거니까 반드시 돌아온다고 아무리 이야기를 하고 타일러도 소용이 없었다. 그때 함께 있던 아내가 그 아이에

게 우리 숨바꼭질 놀이할까 하며 여러 아이들과 함께하는 놀이에 끌어들였다. 처음
엔 울먹울먹하던 아이는 금방 다른 아이들과 어울려 놀았고, 신나게 소리를 지르며
뛰어다녔다. 아마 그 아이에게 '엄마는 직장에 가셨고, 다시 돌아오시니까 네가 잘
이해하고 저녁까지 잘 놀아야 돼'라는 설득을 계속 했더라면 달래는 데 얼마나 많
은 시간이 걸렸을지 모를 일이었다. 이렇듯 아이들은 어떤 것에 강한 집착을 보이
다가도 새로운 것이 제시되면 바로 관심을 돌리는 성향이 있다. 아이들은 항상 새
것에 민감하기 때문이다.

아이는 학습 능력을 가지고 태어난다. 어른들이 억지로 가르치지 않아도 스스로의 힘으로 세상을 배우고 익히는 능력을 가지고 태어난다.

운동과 놀이는 가장 좋은 학습방법

영유아기에는 충분한 운동의 기회를 제공하는 것이 아주 중요하다. 물론 평생 동안 충분한 운동을 해야 하지만, 영유아기에는 운동능력이 곧바로 발달로 이어지기 때문에 더욱더 중요하다. 영유아기 아이들의 운동능력은 뒤집기, 배밀이, 기기, 서기, 걷기, 뛰기 등 단계별로 발달한다. 아이들의 운동능력 발달과정에서 가장 중요한 지표는 뒤집기와 기기라고 한다. 뒤집기는 타인의 도움 없이 생존 능력을 갖게 됨을 의미하기 때문에 중요하며, 기기는 운동능력과 지적 발달에 지대한 영향을 미치기 때문에 중요하다고 한다. 흔히들 아이가 빨리 걸으면 좋아하는데 빨리 걷게 되는 것은 발달과정에서 특별한 의미가 없으며, 얼마나 충분히 기어 다니는지가 보다 본질적이며 중요한 운동능력이라고 한다. 따라서 아이에게 충분히 기어 다닐 수 있는 기회와 환경을 제공하는 것이 중요하다. 아이가 걷게 되었다면 또한 충분히 걸을 수 있는 기회와 환경을 제공해 주어야 한다.

그런데 걷기 이전의 아이들이 기어 다닐 수 있는 기회를 원천적으로 방해하는 육아방법이 널리 퍼져 있다. 그것이 바로 '보행기'이다. 보행기는 아이를 안전하게 두면서 보육자가 일할 수 있다는 점이 편리하기 때문에 흔히들 사용하지만, 이는 크나큰 잘못이다. 보행기의 사용은 아이에게 기어 다닐 기회를 박탈하는 데에만 머물지 않고, 아이의 건강과 운동능력의 발달에 장애를 가져올 수 있기 때문이다. 보행기를 타면 아이가 발 전체로 움직이는 게 아니라 발끝으로만 바닥을 밀며 움직이게 된다. 이럴 경우 까치발이 되기 쉽고, 발뒤꿈치의 아킬레스건이 짧아질 수 있는데 동의보감에도 아킬레스건이 짧아지면 장수를 못한다고 적혀 있을 정도이다. 한 번은 우리 아이를 돌봐주던 사람이 벌써 보행기를 탈 줄 안다며 아이를 찾으러 간 아내에게 기쁘게 말한 적이 있었다. 그때 아내는 다시는 아이를 보행기에 태우지 말아 달라고 당부했다고 한다. 보행기는 사지도 태우지도 말아야 한다.

마지막으로 아이들에게는 재미있고 창조적인 놀이가 아주 중요하다. 놀이는 아이가 세상을 배우는 탐구의 과정이며 지적 능력과 창조적 능력을 향상시키는 과정일 뿐 아니라 놀이할 때의 교감을 통해 사회성을 배우는 과정이다. 놀이는 단지 재미있게 시간을 보내는 방법이 아니라 아이의 발달에 중요한 역할을 한다. 아이들은 놀이를 통해서 성장한다고 할 수 있다. 따라서 아이에게 새롭고 다양한 놀이의 기회 및 장난감을 제공해 주어야 한다. 그런데 놀이만큼 어려운 일이 없다.

육아휴직을 했을 때의 일이다. 예전부터 아내는 다른 건 몰라도 아이와 놀아주는 것만큼은 아빠가 훨씬 잘한다고 추켜세워 주곤 했었고, 나 스스로도 아이와 노는 것은 누구보다 재미있고 신나게 할 자신이 있었다. 그러나 퇴근 후 저녁 시간에 노는 것과 잠자는 시간을 제외하고 모든 것을 놀이로 여기는 아이와 하루 종일 노는 것은 차원이 다른 문제였다. 육아휴직을 처음 시작했을 때는 열심히 놀아야지라고 마음먹고 이것저것 이용해서 아이와 적극적으로 놀아주었고, 새로운 놀이감과 놀이를 개발하기 위해 무척 애를 썼다. 그러나 곧 어찌해야 좋을지 모르는 상황이 닥쳤다. 조금은 지치고 힘에 겨워서 자포자기의 심정으로 아이의 노는 양만 멍하니 바라보는 때도 생겼다. 그러나 아이는 아빠의 상태와 상관없이 신나게 그리고 끊임없이 놀았다. 배고프거나 졸리지 않는 한 멈추지 않았다.

하루 종일 아이의 노는 모습을 지켜보던 나는 아이의 창조성에 놀라지 않을 수 없었다. 끊임없이 놀이를 만들고 새로운 것을 탐구하고 있었다. 억지로 간섭할 필요가 전혀 없었다. 아이의 움직임과 관심에 맞게 적절하게 보조를 취하고 도와주기만 해도 충분하다는 생각을 그때 하게 되었다. 물론 새로운 놀이나 아이가 예전에 좋아했던 놀이를 시의 적절하게 제시하는 것도 즐거운 놀이를 위해 필요했다. 그러나 일부러 무언가를 가르치기 위해 노력할 필요는 없었다. 그냥 아이의 관심과 움직임에 적절하게 반응하고, 관심을 가져주고, 안아달라고 할 때 사랑스런 말과 몸짓으로 꼭 안아주면 되었다. 이렇게 생각하고 아이와 놀게 되자 하루 종일 아이와 함께 놀았음에도 지치지 않았다. 오히려 나도 즐기면서 놀 수 있었다. 물론 아이의 발달에 맞게 적절한 장난감을 주고 꼭 필요한 놀이와 운동, 자극을 주는 것 또한 결코 소홀히 해서는 안 된다.

또한 나는 아이가 육체적으로 부대끼며 노는 것을 무척 재밌어 한다는 걸 깨달았다. 안아주고, 흔들어주고, 던져주고, 배에 태워주는 것을 너무나 좋아했다. 키가 크고 몸무게가 늘어남에 따라 아이를 잡고 뒹구는 게 자연스러워지면서 하루에 몇십 분은 꼭 격렬하게 놀아주었다. 남들이 보면 애가 힘들겠다 싶게 던져주고, 거꾸로 들고, 안고 뒹군다. 그러면 아이는 숨이 넘어갈 듯 자지러지게 웃으며 즐거워했다. 집이 떠나갈 정도의 웃음소리를 듣다보면 모든 근심과 걱정이 씻은 듯이 사라지고 마냥 즐겁고 행복해진다. 이렇게 격렬한 신체적 움직임은 평형감각을 느끼는 귓속의 전정기관에 자극을 주어 운동능력을 향상시키는 데 많은 도움이 된다고 한다.

아이들과 놀다보면 남녀 구분을 하는 경우가 많은데, 이는 결코 바람직한 모습이 아니라고 생각한다. 길을 가다가 한 사내아이와 엄마가 풍선을 가지고 다투는 장면을 본 적이 있다. 다투는 이유는 엄마가 권해주는 풍선이 '여자'아이들 것이라며 극구 싫어하는 사내아이 때문이었다. 한참 실랑이를 하던 엄마는 결국 아이의 요구에 굴복해 한참을 되돌아가 다른 색깔의 풍선을 골라주어야만 했다.

평소에 우리는 사내아이와 여자아이를 많이 구분한다. 색깔은 단적인 예일 뿐이다. 옷은 물론이요 장난감과 책, 놀이의 종류에 이르기까지 여자아이와 사내아이를 엄격히 구분한다. 물론 나 또한 그러한 구분에서 완전히 자유롭지는 못하다. 아내가 가끔씩 아이에게 머리핀을 해주거나, 치마를 입히고 싶다는 말을 할 때면 정색을 하곤 한다. 그렇지만 우리 아이는 놀이와 장난감에 있어서만은 남녀 성 구분에 전혀 구애됨이 없이 놀고 있다. 물론 우리 아이는 전형적인 사내아이다. 두 돌이 가까워지면서부터 권투 글러브 끼고 샌드백을 치는가 하면, 야구방망이를 들고 야구도 곧잘 한다. 밖에 나가면 축구공 들고서 넓은 공원이 모두 자기 집인 양 뛰어다니기도 한다. 그런데 우리 아이가 가장 좋아하는 놀이는 아빠가 만들어준 조그만 집에서 소꿉놀이를 하는 것이다. 지붕이 있는 작은 집에는 역할놀이를 할 수 있는 공간이 마련되어 있을 뿐 아니라, 소꿉놀이를 할 수 있는 싱크대도 놓여있다. 아이는 그곳에서 엄마 아빠를 흉내 내며 인형과 공, 그릇과 각종 음식 모양의 도구들을 총동원해서 열심히 놀곤 한다. 그럴 때면 머리가 쌩쌩 돌아가는 소리가 들리는 듯하다.

아이들의 성 역할에 대한 어른들의 고정관념은 아이들이 세상을 바라보는 눈을 왜곡되게 할 뿐 아니라 올바른 성장 자체를 방해하는 결과를 가져온다. 남녀 불평등 의식은 바로 어릴 적 어른들이 무심코 주입한 고정관념에서 싹트는 것임에 분명하다. 아빠와 엄마의 역할에 대한 고정관념, 성 역할에 대한 고정관념은 남녀 불평등 의식을 키울 뿐 아니라, 인간에 대한 평등의식 자체를 왜곡시킨다는 데 문제의 심각성이 있다.

아이에게 새롭고 다양한 놀이의 기회 및 장난감을 제공해 주어야 한다. 그런데 놀이만큼
어려운 일이 없다.

　게다가 성에 대한 어른들의 고정관념은 아이들의 올바른 성장도 방해한다. 여자아이들이 주로 하는 놀이인 소꿉놀이는 아이들의 발달에 귀중한 역할을 한다. 역할놀이를 통해 상상력과 사회성을 향상시킬 수 있다. 그런데 사내아이들은 바로 이러한 창조적 놀이를 할 기회를 봉쇄당하는 것이다. 그만큼 의식과 성장의 폭이 좁아진다 할 것이다. 사내아이들이 주로 하는 공놀이나 자동차놀이 등도 마찬가지이다. 이를 하지 못하는 여자아이들도 그만큼 신체발달과 지능발달의 기회를 빼앗기는 것이다.

　아이들의 놀이에 남녀의 제한을 두어서는 안 된다. 남녀의 차이는 두뇌 차별을 인정하지 않는 것, 사실 말은 쉽지만 쉽지 않은 노력이 요구된다 할 것이다.

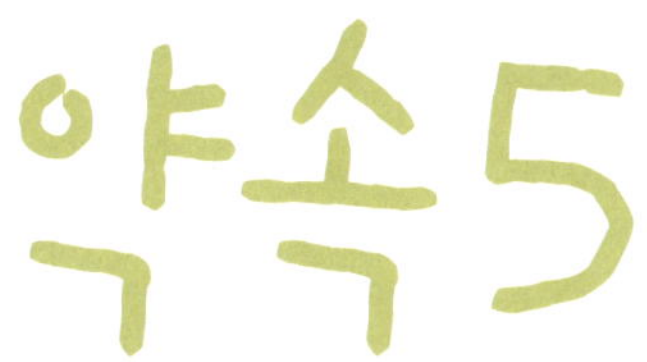

약속 5
영유아기에 지켜야 할 육아태도 열 가지

　시중에 나와 있는 수많은 육아서와 잡지들에는 올바른 육아법, 감성과 지능을 높여주는 육아법이 실려 있다. 사실 이런 정보들만 잘 읽어보아도 아이 키우는 데 많은 도움이 된다. 그러나 문제는 정보가 너무 많아 무엇이 옳고 그른지 판단하기 어렵다는 점이다. 태어나서 세 살이 될 때까지의 영유아기는 인생의 대들보를 놓는 시기이다. 따라서 이때 어떤 경험을 하고 어떤 인간관계를 맺었는가에 따라 인생의 향로가 많이 바뀔 수 있다. 그리고 아이의 경험과 인간관계는 대부분 부모를 통해서 이루어진다. 따라서 아이가 성장하는 동안 계속 그렇겠지만, 특히 영유아기 시기에는 부모의 육아태도가 아주 중요하다.

① 아이를 가르치기 전에 먼저 공부한다.

　예전의 아이들은 대가족 속에서 자연스럽게 성장하였고, 부모는 따로 육아에 관해 공부하지 않아도 웃어른들을 통해 자연스럽게 육아방법과 태도를 배웠다. 그러나 지금의 부모들은 스스로 공부하지 않는다면 어느 누구도 육아에 대해서 제대로 가르쳐주지 않는다. 주변 사람들에게서 흘려들은 정보와 충고들만 가지고 아이를 키우는 것은 위험천만한 일이다. 각종 육아서와 육아정보는 찾아보면 얼마든지 있다. 그리 많은 노력을 기울이지 않아도 필요한 정보를 쉽게 얻을 수 있을 것이다. 공부하지 않는 부모는 아이에 대한 책임을 방기하는 것이다.

② 모든 육아용품은 아이 중심으로 선택한다.

　시중에는 수많은 육아용품이 있어서 잘 모르는 사람은 어떤 용품을 사야 할지 망설일 수밖에 없다. 육아용품을 구입할 때는 부모의 입장에서 생각하지 말고, 아이의 입장에서 아이에게 진정 필요한 것이 무엇인지를 생각해 보는 것이 중요하다. 육아용품을 구입하고 후회하지 않는 가장 좋은 방법은 앞서 아이를 키운 이들의 경험을 참고하는 것이다. 육아 용품을 구입할 때 제품의 용도와 필요성 여부뿐만 아니라 반드시 신체적 접촉을 많이 보장 하는지도 면밀히 따져보아야 한다. 아이와 부모 간의 신체접촉이 많을수록 정서 및 신체발 달에 좋다고 한다. 신체접촉을 차단한 채 오직 돌보는 사람의 편리성만을 생각하는 제품은 되도록 피해야 한다. 특히 보행기는 절대로 아이에게 제공되어서는 안 된다.

③ 올바른 애착 형성을 위해 최선을 다한다.

애착이란 양육자(주로 엄마)와 아이 사이에 형성되는 신뢰감으로 생후 1년까지의 시기 에 생성된다. 그런데 애착은 이후 아이가 사회적인 인간관계를 맺는 데 기본이 된다. 안정 애착인 경우 사회적으로 안정된 관계를 맺어가고 또래 집단의 리더로 커나가는 반면에 불 안정 애착을 형성한 아이들은 인간관계를 제대로 형성하지 못하게 된다. 즉, 인생 초기에 형성된 엄마와의 인간관계가 평생 인간관계의 기초가 되는 것이다. 안정 애착을 위해서는 아이와 끊임없이 접촉해야 하며, 아이가 원하는 것에 곧바로 반응해 주어야 한다. 모유수 유와 천 기저귀 사용은 안정 애착 형성에 많은 도움을 준다. 우리나라 엄마들은 아이의 버 릇을 들인다며 울어도 제대로 반응해 주지 않고 심지어 다그치는 경우도 있는데 이는 심각 한 잘못이다.

④ 강제적인 방법을 지양한다.

아이는 이미 태어나는 순간부터 독립된 인격체이다. 부모는 아이를 대할 때 독립된 인 격체를 대하고 있음을 명심해야 한다. 특히 잘못된 행동을 바로잡아줄 때 이 점을 주의해 야 한다. 야단은 손쉽게 아이의 행동을 수정할 수 있는 방법이다. 그러나 야단을 맞아서 행 동을 수정하는 것은 야단이 무서워 행동을 수정하는 것이지 잘못을 깨달아서 수정한 것이 아니란 사실을 알아야 한다. 어렵고 힘들겠지만 인내심을 가지고 충분히 설명하고 이해시 켜야 한다. 아무런 설명 없이 하는 '안 돼'라는 말은 아이를 키우며 가장 피해야 할 말이다.

⑤ 호기심을 억제하지 말고 실현하도록 보장한다.

많은 학자들의 연구 결과 아이들은 태어날 때부터 학습능력을 가지고 태어난다고 한다. 따라서 아이에게 가장 필요한 것은 가르치는 것이 아니라 스스로의 힘으로 탐험할 수 있는 기회를 제공하는 것이다. 수많은 영재교육 프로그램이 나오고, 갓난아기에게 플래쉬 카드를 보여주고 음악을 들려주는 등 영유아기 때부터 많은 학습을 시키지만, 가장 필요한 것은 아이의 호기심이 채워질 수 있는 경험의 확대이다. 호기심은 학습능력의 원동력이다. 부모가 해줄 것은 단지 그 호기심을 만족시킬 수 있는 경험의 기회를 최대한 제공하는 것일 뿐이다.

⑥ 놀이와 운동의 기회를 보장한다.

아이는 놀이를 통해 세상을 접하고 세상을 배운다. 놀이는 아이들의 기본적인 학습방법이다. 다른 어떤 학습보다 놀이를 통해 아이들은 가장 빨리 세상을 배우고 자신을 발전시켜 나간다. 역설적이게도 아이들은 많이 놀아야 학습능력이 더 뛰어나게 된다. 주의할 점은 놀이방법을 부모가 가르치려 들어서는 안 된다는 것이다. 부모가 놀이방법을 가르칠 경우 아이들은 모방을 할 뿐 창조성이 길러지지 않는다고 한다. 아이 스스로 주도적으로 놀이를 이끌어갈 때 집중력도 높아지고 창의력도 길러지는 것이다. 따라서 부모는 적당한 놀이환경을 제공해 주고, 아이의 행동에 적절하게 반응해 주는 것으로 충분하다. 놀이와 함께 운동의 기회도 최대한 보장해 주어야 한다. 특히 기고 걷는 기회를 많이 제공해야 한다. 충분히 기고 많이 걸어야 신체발달은 물론 두뇌발달도 촉진되기 때문이다.

⑦ 엄마 아빠의 목소리를 최대한 많이 들려준다.

아이들에겐 엄마 아빠의 다정한 목소리를 많이 들려주어야 한다. 클래식 같은 좋은 음악도 좋지만, 사랑하는 감정이 듬뿍 담긴 목소리가 아이들의 정서안정을 위해서 가장 좋다. 음악적 재능을 키우는 데도 자장가나 동요를 직접 불러주는 것이 훨씬 도움이 된다. 물론 좋은 음악을 들려주지 말라는 말은 아니다. 아이의 언어습득을 위해서도 엄마 아빠의 목소리를 많이 들려주어야 한다. 아이들의 언어습득은 기본적으로 청각적 자극을 많이 받아야 빠르게 발달한다고 한다. 따라서 엄마 아빠가 많은 이야기를 들려주고 아이와 대화하는 것이 아이의 언어발달에 도움을 준다.

⑧ 책은 직접 고르고 그림책을 많이 읽어준다.

책을 살 때 전집류는 절대 선택하지 말아야 한다. 그것은 책임의 방기이고 아이가 책에서 멀어지게 하는 지름길이다. 책을 살 때는 좋은 책을 소개해 주는 글이나 주위의 경험을 참고하여 부모가 직접 골라야 한다. 초기에는 시간도 없고 전문적인 지식도 없기 때문에 어려운 점이 많을 것이다. 그러나 지속적으로 하다보면 나름대로 책에 대한 판단도 서고, 아이의 취향까지 고려하여 좋은 책을 살 수 있을 것이다.

⑨ 육아에 아빠가 최대한 참여한다.

이제 아빠가 육아에 참여하는 것은 특별한 일이 아니다. 아빠들이 육아에 적극 참여할 경우 아이들의 사회성이 발달할 뿐 아니라 폭력 행사의 가능성도 적고 지능지수가 높아지며 절제력이 강해진다고 한다. 아이를 위해서 뿐 아니라 사랑하는 아내를 위해서도 아빠들은 적극적으로 육아에 참여해야 한다. 육아에 조금만 참여하다 보면 그것이 얼마나 힘든 일인지 알게 되고 아내를 이해하는 마음이 자연스럽게 커져 부부간의 사랑도 깊어질 것이다. 무엇보다 육아를 하면서 느끼는 행복감을 아빠들이 포기해서는 안 된다. 아내와 아이를 위해서, 그리고 자신의 행복을 위해서 아빠들의 육아참여는 적극적으로 이루어져야 한다.

⑩ 남녀의 차별을 두지 않는다.

아이들의 성 역할에 대한 어른들의 고정관념은 세상을 바라보는 눈을 왜곡시킬 뿐 아니라 올바른 성장 자체를 방해하는 결과를 가져온다. 따라서 아이들의 놀이는 남녀의 제한을 두어서는 안 된다. 또한 아빠와 엄마의 성 역할에 대한 고정관념을 아이에게 심어주어서도 안 된다. 엄마 아빠가 집에서부터 성 역할에 구애받지 않는 평등한 모습을 보일 때 아이도 남녀평등 의식을 갖게 되며, 이는 인간평등 의식의 기본 바탕이 될 것이다.

육아휴직, 아빠의 행복 찾기

행복을 위한 선택, 육아휴직

내가 육아휴직을 한다고 하자 많은 이들이 부러워함과 동시에 직장에서 괜찮겠냐는 걱정을 함께 해주었다. 물론 어려운 여건이기는 하지만 '육아휴직을 인정해 주는 직장'이라고 하자 정말 좋은 직장 다닌다며 부러워했다. 예전에는 많은 수입을 올려주면 좋은 직장이라고 생각하였으나, 이제는 인간다운 삶을 보장해 주지 못하는 직장은 아무리 많은 돈을 벌 수 있어도 좋은 직장이라고 평가하지 않는 인식의 변화를 엿볼 수 있었다.

육아휴직의 절차와 방법을 알아보기 위해 아내가 노동부 고용안정센터에 문의를 하러 갔다. 모성보호법이 개정되어 시행된 직후인 2001년 11월이었다. 고용안정센터에서는 육아휴직에 관한 문의로는 두 번째라며 절차와 과정에 대해 자세히 설명을 해주었다고 한다. 이야기를 나누다 육아휴직을 할 계획이냐는 담당 직원의 물음에 아내가 아이 아빠가 할 거라고 대답하자 주변에 있던 사람들이 놀란 얼굴로 쳐다보았다고 한다. 아내는 주위의 시선을 한몸에 받으며 고용안정센터를 나오는데 아주 뿌듯했다고 한다.

2001년 11월, 무급에서 월 20만 원 유급으로 바뀌었지만 육아휴직제도는 여전히 접근하기 어려운 제도로 남아있다. 노동부에 따르면 제도 시행 후 육아휴직 신청 인원이 예상치의 10% 수준에 머물고 있어 무급이었던 때와 별다른 차이를 보이지 않고 있다고 한다(한국일보, 2002년 7월 14일자). 이렇듯 육아휴직은 아빠들에게는 물론 엄마들에게도 여전히 접근하기 어려운 제도이다. 육아휴직을 하기 위해서는,

더욱이 아빠가 육아휴직을 하기 위해서는 상당한 각오가 필요하다. 누구의 말처럼 '직장에서 성공할 것을 포기한 사람들'이나 할 수 있는 것인지도 모른다. 그러나 그 재미와 기쁨, 보람을 안다면 매력적인 유혹이 또한 육아휴직이다.

육아휴직 자가진단테스트

1. 아내가 출산할 때 분만대기실에서 함께 진통을 경험했다.
2. 아내가 출산할 때 분만실에 함께 들어갔다.
3. 아기의 똥 기저귀를 능숙하게 갈아줄 수 있다.
4. 아기를 다루고 키우는 방법에 대한 책 2권 이상을 스스로 구입했다.
5. 아내가 없어도 식사를 해결할 능력이 있다.
6. 아기 옷을 손빨래해 본 경험이 있다.
7. 아기가 태어났을 때 부모선언문을 만들어볼 생각을 한 적이 있다.
8. 아기를 아기 띠에 매고 장바구니를 들고 대낮에 거리를 걸을 수 있다.
9. 아기와 놀아주는 나만의 방법 3가지 이상을 개발했다.
10. 육아휴직을 선택한 뒤 이에 반발하는 부모와 형제자매와 논쟁을 벌일 자신이 있다.

'예'가 7개 이상이면 내일 당장 육아휴직을 해도 무리가 없다, 4~6개는 조금만 노력해도 육아휴직을 할 수 있다, 4개 미만이면 개과천선하는 노력이 필요하다(「한겨레21」 2001.7.4).

아이가 태어난 직후부터 나는 인터넷, 신문, 잡지를 볼 때마다 육아관련 기사를 관심 있게 보았는데, 어느 날 모 주간지에 실린 육아휴직을 경험한 남편의 기사를 읽게 되었다. 그때는 무급 육아휴직만 가능한 때였다. 그 중 박스기사로 '육아휴직 자가 진단테스트'라는 항목이 있었는데 재미삼아 한 번 해본 나는 피식 웃고 말았다. 7개 이상이면 내일 당장 육아휴직을 해도 된다고 했는데 '아니오'라고 답할 문

항이 하나도 없었기 때문이었다.

"육아휴직을 한번 해봐……."

아마 육아휴직을 처음으로 생각한 순간이었다고 기억된다. 그렇지만 그럴 일도 없을 것이고 현실적인 여건상 거의 불가능할 것이라고 여겼다. 맞벌이 부부, 특히 아이를 돌봐줄 가까운 분이 없는 경우에 육아는 거의 전쟁 수준이다. 두 사람 중 한 사람은 반드시 아이를 맡기고 찾는 역할을 해야 하기 때문에 직장생활을 하는 두 사람의 일정을 항시 조정하고 맞춰야 한다. 그나마 조정이 가능하면 다행이지만, 둘 다 급한 일이 있을 경우 누가 양보하느냐의 문제를 가지고 자주 다투게 되기 마련이다.

우리 부부도 아이가 10개월이 되기까지 숱하게 그러한 과정을 겪었다. 처음에 잠깐 근처 아줌마에게 맡겼던 우리는 사정이 여의치 않아 3개월도 되지 않은 아이를 어린이집에 맡겼다. 그리고 다시 3개월 후엔 모유수유를 위해 옆집 아기 엄마에게 아이를 맡겼다. 아이가 10개월이 다 되어갈 때쯤 아이를 돌보던 이의 몸이 안 좋아지면서 우리는 선택의 기로에 서게 되었다. 또다시 다른 이에게 아이를 맡길 것인가? 아니면 어린이집에 다시 맡길 것인가? 그렇지 않으면 육아휴직을 할 것인가? 한다면 누가 할 것인가? 시간은 없었고 선택의 시간은 짧았다. 시간이 없다는 것이 무엇보다도 마음을 급하게 했다.

그 짧은 시간 안에 믿을 만한 사람을 다시 찾기란 쉬워 보이지 않았다. 무엇보다

낯을 가리고 애착관계를 형성하는 중요한 시기인 점을 감안하면 위험부담이 큰 모험을 할 수는 없었다. 그런 의미에서 어린이집에 아이를 다시 맡기는 것도 고민이 되었다. 가장 중요한 시기에 또다시 낯선 환경에 적응하는 것이 아이에게 큰 부담이 될 거라는 생각에 쉽게 결정을 내릴 수 없었다. 둘 중 한 사람이 육아휴직을 하는 것이 가장 좋은 선택이었다. 그렇다면 누가 육아휴직을 할 것인가? 엄마가 하는 것이 물론 아이에게 더 좋다고 생각했다. 그러나 아내는 쉴 수 없는 상황이었다. 결국 육아휴직을 한다면 내가 하는 수밖에 없었다. 육아휴직을 할 것인가? 말 것인가?

난 처음부터 육아에 많은 몫을 담당할 거라고는 생각하지 않았다. 물론 많이 도와주어야 한다는 생각은 기본적으로 갖고 있었지만 어디까지나 보조적인 위치일 뿐, 육아의 주는 엄마라고 생각했다. 하지만 막 태어난 아이가 내 손가락을 살포시 쥐던 그 순간의 강렬한 느낌 때문이었을까? 출산 후부터 나는 아이를 키우는 데 무척 적극적이 되었고, 아이 키우는 게 너무 즐거웠다. 아이의 표정을 살피는 게 재밌고, 하루가 다르게 변하고 커나가는 모습을 보는 게 너무도 기뻤다. 그러다 보니 우리는 정말 아이를 '함께' 키웠다. 그런 때문인지 난 '도와준다'는 말을 무척이나 싫어했다. 아내도 내가 무심결에 '도와준다'라는 표현을 쓸 때면 정색을 하며 따지곤 했다. 나 또한 아내가 다른 이들에게 남편이 '잘 도와준다'는 말을 하면 싫은 내색을 하곤 했다. 도와준다는 말 속엔 은연중에 아빠는 육아에 있어 부차적인 존재라는 의식이 깔려 있다는 생각이 들어 싫었기 때문이다. 육아휴직을 고민하며 난 아이를 키우는 데 '함께한다'는 게 무엇인지 진지하게 생각했다. 항상 도와주는 게 아니고 아빠의 몫을 하는 것이라고 말했던 과거의 말들을 곱씹어 보았다. 그리고 나는 육아휴직을 결심했다.

아내는 아이를 키우는 데 모든 정성을 다 쏟았다. 남들보다 많이 아이 키우는 몫을 담당한다고 자부하긴 하지만, 아내의 노력엔 비교가 되지 못했다. 그렇지만 아내는 극성스럽지 않았다. 정말 꼭 필요한 부분에 온갖 정성을 다했다. 그것은 분명 극성과는 구분되었다. 그런 아내가 늘 걱정하고 힘들어한 부분이 돌도 되지 않은 아이를 남의 손에 맡기는 것이었다. 자신의 일 때문에 아이를 제대로 돌보지 못한다는 죄책감과 미안함이었다. 내가 육아휴직을 하겠다고 먼저 말했을 때 아내의 표정은 정말 환해졌다. 항상 출근할 때만 되면 힘들어하던 아내가 그 다음 날 아침은 밝은 표정으로 출근하는 모습을 보며 난 내 결심을 확고히 했다. 아이를 위한 육아휴직이라고 생각했는데, 그것은 또한 아내를 위한 육아휴직이라는 생각이 들었다. 아내를 사랑하기에 아내의 걱정을 덜어주고 남편으로서, 아빠로서 담당해야 할 육아의 몫을 해야 한다고 결심했다.

아이와 함께 보내는 하루

육아휴직 이전에도 혼자서 아이를 돌본 경험이 많았기 때문에 육아휴직을 한다고 해서 특별히 준비할 것은 없었고, 아내 또한 나에게 맡기는 것에 대해 전혀 염려하지 않았다. 아내가 일요일에 일이 있는 경우 하루 종일 젖을 녹여 먹이면서 아이를 본 적도 있고 휴가를 아이 돌보는 데 모두 써본 경험이 있었으며, 하루 종일 돌보는 건 아니었지만 평소에 아내가 있는 경우에도 기저귀 갈고 이유식 먹이는 걸 책임졌기 때문이다. 그러나 전혀 걱정이 없는 건 아니었다. 언제 이유식을 먹이고, 잠자는 시간은 어느 정도로 하며, 놀 땐 어떻게 놀 것인지 하는 생활 짜임새와 놀이에 관해 고민하게 되었다. 많은 고민을 했지만 결론을 내리지 못하고 육아휴직 첫날을 맞이했는데 고민은 생각했던 것과 달리 너무 쉽게 해결되었다. 아이의 움직임에 그냥 맞춰주면서 약간의 규칙만 지키면 되었기 때문이다.

육아휴직 첫날 아내는 아이가 잠들어 있을 때 출근을 했다. 난 아이가 푹 자게 내버려 두고 조심스럽게 집안 정리를 했다. 피곤했던지 아홉 시가 다 되어서 깬 아이에게 반갑게 인사를 하고 마사지를 해주었다. 잠이 확실히 깨도록 안아주고 장난도 치다가 밤새 자느라 땀에 흠뻑 젖은 몸을 씻기기 위해 간단한 목욕을 시켰다. 목욕 후에는 장난감과 온갖 집안 살림을 동원해 놀았다. 아내가 출근하기 전에 흡족하게 젖을 빨았기 때문에 깨어난 지 한 시간쯤 후 과일을 간단히 먹였다. 그리고 조금 지나서 아내가 미리 만들어 놓은 이유식을 살짝 데워서 먹였고, 다시 한 시간 정도 신나게 논 뒤에 젖을 녹여 먹였다. 젖을 먹은 아이는 30분쯤 후에 잠이 들었다.

한 시간 반 정도 잠을 자고 깨어난 아이에게 오전과 비슷한 간격으로 간식, 이유식, 모유 순으로 먹였다. 젖을 녹여 먹인 후엔 바로 산책을 나갔다. 30분 정도 주변 공원이나 거리를 걷다보니 어느새 아이는 내 품에서 잠이 들어 있었다. 가끔 뒤척이는 아이를 달래려 안아 재우고 있다보니 아내가 퇴근을 했다. 엄마가 온 걸 눈치챘는지 아이는 잠에서 깨어나 부스스한 얼굴로 엄마를 쳐다보며 환하게 웃었다. 아내는 아이를 꼭 껴안은 후 젖을 물렸다. 육아휴직 첫날은 걱정했던 것보다는 쉽게 보낼 수 있었고, 첫날 보냈던 생활 짜임새는 육아휴직 기간 내내 큰 변화 없이 유지되었다.

육아휴직 초창기에 가장 곤혹스러웠던 것은 아이 재우기였다. 막 태어난 직후부터 익숙해진 습관 탓에 반드시 엄마 젖을 빨아야 잠드는 아이를 안고 다독이면서 재우는 건 너무 힘든 일이었다. 아이에게 엄마 젖은 배고픔을 잊게 해주는 식탁이면서 동시에 불안감을 씻어주는 안식처요, 졸릴 때 편안하게 잠들 수 있는 안락한 침대였다. 그런데 안락한 침대가 사라져 버렸으니 뒤척이고 칭얼대는 게 아주 심했다. 그나마 편하게 재우는 방법이 젖병을 빨리며 재우는 것인데 이유식 양을 늘리면서 젖을 많이 먹이지 못함에 따라 그 방법도 지속하기 어려웠다. 결국 품에 안아서 다독거리며 잠들 때까지 기다리는 수밖에 없었다. 아내는 아이를 재울 때 젖을 물린 후 항상 아이 등을 토닥거리며 자장가를 불러주는데, 젖을 물리지는 못하지만 나도 등을 토닥이며 자장가를 열심히 불러주었다. 몇 곡 외우지 못하는 자장가를 부르다가 밑천이 떨어져 이런저런 노랫말을 붙여가며 열심히 불러주다 보면 아이는 어느새 잠이 들어 있곤 했다.

　아이와 하루를 보내는 데 가장 신경 쓰이는 부분은 역시 잘 먹이는 문제였다. 아내가 평소에 여러 종류의 이유식을 충분히 만들어 놓았기 때문에 만드는 것은 문제가 되지 않았다. 문제는 준비된 이유식을 얼마나 잘 먹이느냐에 있었다. 어떻게 저렇게까지 움직일 수 있을까 싶게 끊임없이 놀던 아이가 어느 순간 자꾸 물건을 빨고 가끔 눈을 비비면 먹을 것을 준비할 시간이다. 초기에는 몇 번 실패를 경험해야 했다. 기껏 차려준 음식을 먹지는 않고 전부 바닥에 쏟아버리거나, 실컷 장난만 치고는 먹는 둥 마는 둥 하는 경우를 여러 번 겪어야 했다. 식탁을 최고의 놀이터로 아는 아이는 먹는 것보다는 노는 것에 훨씬 관심이 많아 보였다. 물론 배가 고프면 잘 먹기는 하지만 그것도 잠깐이고 배가 조금만 부르면 노는 것에 훨씬 관심이 많이 가는 모양이다. 이러한 이유 때문에 이유식을 잘 먹이는 방법을 찾아야 했고, 몇 번의 시행착오를 거친 후 아이에게 가장 효과적인 방법을 찾아냈다.

　먼저 식사시간이 되면 아기 앞치마를 채워주고 상을 펴고 그릇 서너 개를 준비한다. 거기에 약간의 물과 수저 두 개, 젓가락 한 개, 그리고 손수건을 준비하면 이유식 먹을 준비가 끝난다. 그릇과 수저, 젓가락을 이렇게 많이 준비하는 이유는 진짜 이유식이 담긴 그릇과 떠먹이는 수저를 방어하기 위해서다. 대부분의 아이들이 그렇듯이 아이에게 먹는 것은 또 하나의 놀이이고, 즐겁게 놀면서 먹어야 잘 먹을 뿐 아니라 음식에 대한 거부감도 생기지 않는다는 생각에서 찾아낸 방법이었다. 이렇게 준비하면 식탁 위에서 아이가 하는 행동을 특별히 제지하지 않아도 된다. 처음 식습관을 들이는 초기부터 아이의 장난치는 행동을 제지하기 위해 아이용 의자에 앉혀서 먹이거나 식탁 위에서의 행동을 심하게 제지하는 것은 그리 바람직하지 않다는 것이 내 생각이다. 물론 더 크면 식탁 예절을 가르쳐야겠지만 그것은 더 큰 뒤의 일이고, 식습관을 들이는 초기에는 먹는 것이 즐거워야 할 때라고 믿기 때문이다.

　그러나 행동을 제지하지 않고 식탁에서 마음껏 놀도록 내버려 두다보니 이유식 먹이기가 쉽지 않았다. 처음엔 장난을 치면서도 곧잘 받아먹지만, 손으로 직접 음식을 만지겠다고 나서기 시작하면 그때부터는 모든 게 엉망이 되어 버린다. 빈 그릇은 던져버리고 이유식이 가득 담긴 그릇을 공격한다. 그걸 막으면 칭얼대며 먹지도 않는다. 하는 수 없이 빈 그릇에 조금 떠주면 이때다 싶게 두 손으로 이유식을 쥐어잡고는 장난을 치며, 그 손을 다시 입으로 가져간다. 그때부터는 옷이나 얼굴뿐 아니라 식탁과 바닥까지 온통 이유식으로 넘쳐난다. 이유식이 잔뜩 묻은 손으로 식탁을 문지르고 바닥을 쓱쓱 닦고는 다시 그릇을 뒤지는 행동을 반복하다보면 주변은 완전히 난리가 난다. 그러다 기분 좋다고 아빠에게 달려들면 내 팔뚝이나 옷에도 온통 덕지덕지 이유식 밥풀이 묻어 버린다.

　그래도 그때까지는 곧잘 받아먹으면서 꼭 먹어야 할 이유식이 담긴 그릇은 무사하다. 일정 정도 배가 찬 아이는 이제 이유식이 담겨 있는 그릇을 만지겠다고 덤벼든다. 이런저런 방법을 써서 방어를 하고 신경을 다른 곳으로 분산시켜보지만 칭얼대는 아이의 공세를 막기에는 역부족이다. 마지막으로 이유식이 담겨 있던 그릇과 수저를 넘겨받은 아이는 득의양양한 승전군의 표정이 되어 승리를 자축하려는 듯 이유식 그릇을 방바닥에 엎어버린다. 그러면 전쟁은 끝이 난다. 나는 녀석을 붙잡아 손과 발, 얼굴을 씻기고 옷도 갈아입힌다. 그럴 때면 다시 가서 놀겠다고 성화가 이만저만이 아니지만 결코 물러서지 않는다. 이와 같은 전쟁을 치르고 나면 아이는 실컷 놀고, 나는 목표였던 이유식 먹이기를 대부분 성공적으로 이루어냈다는 것에 흡족해 한다. 물론 아이가 성장함에 따라 식탁에서 장난치지 않고 조금씩 음식 먹는 것에 집중하도록 하고 있지만, 아이가 자신을 통제하는 능력이 생기기 전까지 식탁은 아이에게 놀이터의 의미를 충분히 살려주는 곳이라는 생각이 바람직하다는 믿음에는 변함이 없다.

　아이와 하루를 보낼 때 아이에게 가장 신나는 일은 바로 '산책'이다. 아이의 호기심은 끝이 없다. 눈을 뜨는 순간부터 다시 잠이 드는 순간까지 한순간도 쉬지 않고 움직이면서 새로운 것을 보고, 만지고, 맛보고 싶어 한다. 도대체 아이들의 그 엄청난 호기심과 에너지는 어디서 나오는 것인지 정말 궁금하다. 그러나 우리가 사는 17평 서민아파트 안에서 아이가 탐험할 세계는 좁고 호기심은 쉽게 충족될 수 없기 때문에, 호기심을 충족하고 넘치는 에너지를 발산하기 위해서는 결국 밖으로 나가는 수밖에 없다. 따라서 산책은 아이가 가장 좋아하는 일이었다. 물론 나 자신도 하루 종일 집안에만 있는 것이 답답한 상황이라 흔쾌히 아이를 데리고 산책을 다녔다. 육아휴직을 하던 시기가 한겨울이었던 탓에 산책을 나가려면 옷을 여러 겹으로 입히고, 만일의 사태에 대비해 짐을 챙겨야만 했다.

　일단 산책 준비가 끝나면 다음은 산책 코스를 정해야 한다. 이런저런 산책 코스를 떠올려 보았지만 처음 몇 번을 제외하고는 다니는 곳이 몇 군데로 한정되어 버렸다. 공원도 변변히 없는 도심 한복판에서 갈 수 있는 데가 마땅치 않았기 때문이다. 가장 가기 편한 곳은 시장이나 아파트 단지의 산책길, 가게가 쭉 늘어선 길거리 정도이다. 이렇듯 열악한 산책 환경으로 인해 가장 자주 찾게 된 곳이 시장이다. 시장에만 들어서면 아이의 눈은 끊임없이 주변을 살핀다. 이것저것 만져보려고 몸을 뒤틀기도 하고 손을 밖으로 내밀기도 한다. 그렇지만 시장도 그리 크지 않고, 아빠가 장을 보면서 시장을 다니는 게 아니어서 그런지 생각만큼 많은 재미를 느끼지는 못하는 것 같았다. 산책할 만한 변변한 공원 하나 없이 수백, 수천 세대가 사는 아파트 단지가 들어서 있는 주거 환경은 정말 문제다.

주변 볼거리도 부족하고 환경도 좋지 않았지만, 그래도 꾸준히 산책을 다녔다. 그러다 무미건조하게 다니는 산책이어서는 안 되겠다 싶어 아이에게 재미있는 얘기를 하나씩 해주기로 마음먹었다. 물론 내가 해주는 이야기를 아이가 제대로 알아듣지는 못하겠지만 산책의 즐거움을 위해서 꾸준히 해주었다.

일반적으로 산책 시간은 30분 정도가 소요되었다. 날씨가 좋으면 조금 길어지기도 했지만, 한겨울에는 많이 돌아다니는 것이 아이에게 부담이 될 것 같아 무리해서 오래 다니지는 않았다. 산책을 할 때 특별한 경우가 아니면 유모차를 사용하지 않았다. 유모차가 추운 날씨로부터 아이의 체온을 제대로 보호해 주지 못하는 이유도 있지만, 무엇보다 아빠 품에 안겨서 안정감을 느끼며 낯선 세상을 대하는 게 좋다고 생각했기 때문이다. 물론 조금 더 개월 수가 차고 혼자서 조금씩 걸을 수 있는 상황이 되면 달라지겠지만, 돌이 지나기 전까지는 불가피한 상황이 아니면 직접 안고 다니는 게 좋다는 생각이다.

산책을 마치고 집으로 돌아와 아이와 잠깐 놀고 있다보면 아내가 돌아온다. 문소리가 나면 아이는 모든 행동을 중단하고 시선을 문으로 향한다. 열쇠로 문을 여는 소리가 뚜렷하게 들려오면 아이는 아빠는 저리 가라고 밀어버리고는 엄마를 향해 엄청나게 빠른 속도로 기어가서 안긴다. 엄마 품에 안겨서 의기양양한 표정을 짓는 아이의 얼굴을 확인하면 혼자서 아이와 함께 지내는 시간은 끝나고 엄마, 아빠 그리고 아이가 함께 보내는 시간이 시작된다.

아빠가 되는 즐거움

육아휴직을 하며 아이와 오랜 시간을 함께하게 되자 그 전에 몰랐던 아이에 관한 사실을 알게 되면서 육아휴직의 재미가 더해졌다. 이것은 아이를 키우는 많은 엄마들이 경험했고, 경험하고 있는 아이 키우는 재미이다.

엄마 젖이 없는 상태에서 자는 아이는 가끔씩 뒤척이곤 하는데, 그때 제대로 달래주지 못하면 울면서 잠이 깨는 경우가 종종 있다. 그럴 경우 달래기도 힘들고 다시 재우기도 무척 힘들기 때문에 아이가 자더라도 항상 아이의 상태를 살피곤 했다. 그런데 잠이 든 아이의 얼굴을 자세히 살피던 나는 그 표정과 잠버릇의 변화 무쌍함에 많은 재미를 느꼈다.

막 잠이 든 아이는 인상을 약간 쓰고 있다. 이마에 힘이 잔뜩 들어가 있는 탓인지 약간 찡그린 듯한 표정이 너무 귀엽다. 그러다 조금 깊이 잠들면 찡그린 표정이 사라지고 편안한 얼굴로 돌아온다. 편안하게 잠들어 있을 때 두 팔은 대개 만세를 부르는 자세인데, 자는 양이 다리 모양과 어울려 꼭 나비 같은 모양새다. 아마도 '나비잠'이란 말은 이런 데서 유래된 모양이다. 아내도 잠잘 때 만세를 부르며 자는 잠버릇이 있어서 처음엔 엄마 닮아서 그렇다면서 놀리곤 했는데, 다른 아이들의 자는 모습도 역시 나비잠인걸 보면 꼭 닮아서 그런 건 아닌 것 같다.

그런데 정말 재미있는 건 얼굴 표정의 변화다. 어느 때는 계속해서 입을 오물오물거린다. 엄마 젖을 빨며 자는 습관 때문인가 보다. 오물거리다가 입맛을 쩝쩝 다시고는 빙글빙글 웃기도 한다. 그러다 갑자기 소리가 나도록 웃기도 하고, 입맛

을 쩝쩝 다시면서 얼굴을 찡그리기도 한다. 가끔은 피곤해서인지 코고는 소리가
조금 들리기도 하는데, 돌도 되지 않은 아이가 내는 소리라고는 믿어지지 않을 때
도 있다. 어떨 때는 꿈을 꾸는지 계속해서 얼굴 표정이 여러 가지로 바뀌기도 한다.
웃다가 찡그리다가 갑자기 입맛을 다시다가 다시 웃고, 얌전해지나 싶더니 곧 울음
을 터트릴 준비를 하는 듯한 표정을 짓기도 한다. 그럴 때는 얼굴 표정을 재밌게
감상하던 걸 멈추고 재빨리 안아주어야 한다. 걱정스럽게 달래다보면 갑자기 몸을
들썩이는 경우가 있어 봤더니 얼굴에 웃음기가 가득하다.

잠이 든 아이의 얼굴을 보는 순간만큼 마음이 평화로워지는 시간은 없다. 가볍게
내려앉은 눈꺼풀 아래 가지런히 쉬고 있는 속눈썹은 세상 모든 근심걱정을 잊어버
린 더 없는 편안함이다. 쌔근쌔근 내쉬는 콧소리는 주변 모든 소리를 재우고 세상
을 고요하게 한다. 살포시 다문 입술과 어쩌다 엄마 젖 빠는 시늉이라도 할라치면
입 맞추고 싶은 충동이 연애시절 첫 키스의 그 달콤함만큼 강하게 다가온다. 콧소
리에 맞추어 규칙적으로 들썩거리는 배 위에 가만히 손을 얹어보면 어린 새 생명의
파릇한 기운이 샘솟는다. 정말 더 없는 행복이다.

육아휴직 초기 10개월이 된 아이는 이가 몇 개 나자 무엇이든 물려고 했다. 그런
데 장난감이나 치아발육기(치발기)는 아무래도 딱딱해서 느낌이 별로인지 자꾸 부
드러운 아빠 살을 물려고 달려들었다. 치발기를 차게 해서 잠시 물게 하면 이가
약간 마비되면서 간지러운 느낌이 완화되어 무는 게 줄어든다고 해서 그렇게 해보
았지만, 아빠 살을 노리는 의지를 꺾기에는 역부족이었다. 물지 못하게 억지로 막
으면 아이는 어느새 얼굴을 찡그리고 칭얼거렸다. 아무리 그래도 물릴 때의 고통을
생각하면 선뜻 아이의 행동에 내 몸을 맡길 수 없었다. 그런데 아내는 같은 상황에

서 과감하게 팔을 내밀곤 했다. 팔뚝에 선명하게 물린 자국이 남고, 꽤 아파 보이는 데도 아내는 이로 젖을 무는 것에 비하면 아무것도 아니라며 참았다. 모성이 위대하다는 것은 이런 이유 때문일까? 그런데 입뿐이 아니다. 손 또한 온몸을 공격하는 주범이다. 입이야 물기 전에 어느 정도 알아차리기라도 하지만 손으로 잡아 뜯고, 꼬집고, 비트는 것은 순식간에 벌어지기 때문에 별반 방어 대책이 없다. 아이의 공격을 받은 허벅지는 곳곳에 피멍이 들고, 가장 많이 공격당하는 목은 입과 손의 협공으로 붉은 상처가 깊이 남곤 했다.

사실 나는 입과 손의 공격에 대해 두려움과 싫다는 생각보다 반가운 마음이 앞섰다. 이가 나는 것은 아이의 발달과정에서 그리 중요한 기준이 아니라고 하지만 더 없이 반갑기만 하고, 손의 공격은 손가락 운동이 세심해지고 소(小) 근육운동이 발달하는 과정을 보여주는 것으로 발달 기준에서도 매우 중요하기 때문이다. 이런 이유로 고통스럽기는 하지만 반가운 마음이 드는 것이다. 아이의 성장을 확인한다는 건 그 과정이 때로는 고통일지라도 부모에겐 더 없는 행복이다.

그런데 육아휴직을 하다보니 아이의 성장을 엄마보다 먼저 알게 되는 재미가 쏠쏠하다. 어느 날 퇴근한 아내에게 아이가 '엄마 아빠 까꿍' 이런 말을 했다고 했더니 '에이 또 거짓말, 11개월밖에 안 되었는데 어떻게 그런 말을 해'라며 거짓말로 치부해버렸다. 아이 키우는 엄마들은 다들 거짓말쟁이가 된다고 하는데 내가 거짓말쟁이가 되고 있었다. 퇴근한 아내의 기분도 풀어줄 겸, 아이와 함께하지 못하는 아쉬움도 달래줄 겸 나는 낮 동안에 아이에게서 일어난 일, 특히 새롭게 아이가 한 행동이나 말을 얘기해 주곤 했다. 그런데 말문 트이는 과정인지 몰라도 예전에는 전혀 들을 수 없었던 말을 하고 부정확한 소리가 정확해지면서 아이의 말과 관련된 얘기를 많이 해주는데, 대부분 거짓말로 치부되었다. 어느 날은 아이가 이유식을 먹다가 아빠를 따라서 '맛있다'는 말을 했다고 했더니 '그건 좀 심하다'면서 또다시 거짓말쟁이로 치부해버렸다. 아빠가 잘못 들었다는 것이다. 아이의 신체 조절 능력이 급격히 향상되고 하루에도 몇 번씩 혼자서 걷는 경우가 많아지면서 말과 관련된 거짓말뿐 아니라 행동에 관한 거짓말도 늘었다. 그릇을 차곡차곡 쌓았다든지 열 걸음 넘게 혼자 걸었다든지 걷다가 잠시 멈추더니 방향전환 후 걸었다든지 하는 거짓말들이었다.

이처럼 많은 말들은 거짓말로 치부되거나 선뜻 인정받지는 못했지만 그런 말을 들을 때면 아내의 얼굴이 환해지는 걸 느낄 수 있다. 그런데 아내가 거짓말로 치부했던 일들은 조금만 지나면 대부분 사실로 밝혀지고 그때마다 난 의기양양해지곤 했다.

"어머 진짜네!"
"거봐……."

물론 아이가 다시 반복하지 않아서 끝내 거짓말로 치부되고 마는 경우도 꽤 있고, 아이가 같은 표현을 다시 해도 '잘못 들은 거네'하며 결국 거짓말이 되고 만 경우도 있었다. 아무튼 아이의 변화를 먼저 접하는 흐뭇함은 육아휴직의 큰 기쁨 중의 하나였다. 물론 예전에는 아내가 대부분의 변화를 먼저 알았고, 난 뒤늦게 확인하곤 했었다. 아이가 맨 처음 뒤집은 걸 확인한 것도, 처음 이빨이 난 걸 확인한 것도 아내였다. 그러나 아무것에도 의존하지 않고 첫걸음을 뗀 순간을 확인한 것, 세상에 태어나 처음으로 내뱉은 이러저러한 말을 접하는 것, 새로 나오는 이를 확인한 것은 모두 나였다. 아이의 변화를 먼저 확인할 때마다 느끼는 기분과 우쭐함은 더할 나위 없이 즐거운 일이었다.

더구나 나를 빤히 쳐다보며 '아빠 아빠' 부르고, 엄마 등에 업혀서도 아빠를 연신 불러대는 모습은 크나큰 즐거움이었다. 물론 아내는 '엄마'보다 '아빠'를 많이 하는 아이에게 조금은 섭섭한 눈치였다. 눈치 빠른 아이는 그럴 때면 엄마를 크게 불러서 아내 또한 기쁘게 해주곤 했다.

눈부시게 성장하는 아이의 모습을 하루하루 확인하는 일은 무엇과도 비교할 수 없는 기쁨이다. 엄마보다 먼저 그 성장을 확인하는 기쁨, 아이가 아빠를 더 찾는다는 기쁨, 아이가 원하는 걸 즉각 눈치 챌 수 있는 확실한 의사소통의 기쁨은 육아휴직의 결과 내가 얻은 것이었다. 그러나 사실 이런 기쁨은 아이를 키우는 많은 엄마들이 이미 느꼈고, 느끼고 있는 그러한 기쁨일 것이다. 물론 아주 소수의 아빠들이 느꼈을 기쁨이기도 하다.

눈부시게 성장하는 아이의 모습을 하루하루 확인하는 일은 무엇과도 비교할
수 없는 기쁨이다. 엄마보다 먼저 그 성장을 확인하는 기쁨, 아이가 아빠를 더 찾는
다는 기쁨, 아이가 원하는 걸 즉각 눈치 챌 수 있는 확실한 의사소통의 기쁨은
육아휴직의 결과 내가 얻은 것이었다.

아빠가 되는 힘겨움

겨우 재운 아이를 세탁기 돌리다 깨울 거냐고 아내에게 싫은 소리를 듣고 잠든 날 밤, 갑자기 아이가 괴로워하는 소리에 잠을 깼다. 평소처럼 젖을 빨고 싶나보다 하고 엄마 젖을 찾아서 물려주었지만, 제대로 빨지를 못한 채 괴로워하기만 했다. 호흡은 답답해 보였고, 기침소리는 마치 개가 짖는 소리처럼 들렸다. 후두염(크룹)이었다. 생후 2개월경 한밤중에 똑같은 경험을 한 적이 있었기 때문에 크룹이란 것을 금방 알 수 있었다. 아내를 깨웠다. 가습기를 바짝 붙여서 틀고 창문을 열어서 찬바람이 들어오게 하였다. 크룹으로 인해 호흡이 곤란하고 컹컹 짖는 듯한 기침소리가 날 때의 응급처방이었다. 응급처방에도 불구하고 아이는 계속 힘들어했고, 아내는 아이를 품에 안고서 계속 달랬다. 옆에서 지켜보던 내 속은 시커멓게 타들어갔다. 그러나 이는 나중에 겪을 마음고생에 비하면 아무것도 아니었다.

새벽 여섯 시가 되어서야 아이는 겨우 편안히 잠들었다. 오전 9시, 잠에서 덜 깬 아이를 안고서 병원으로 갔다. 예상한 대로 크룹이었고 이런저런 주의 사항을 들은 후 약을 사서 집으로 왔다. 아이는 집에 오자마자 엄마 젖을 한 번 빨더니 지친 듯 쓰러져 잠이 들었다. 아내는 걱정스런 얼굴로 출근을 했다. 얼굴은 푸석푸석해지고 코 아래는 콧물이 말라붙어서 지켜보는 이의 마음을 더욱 아프게 했다. 의사의 지시대로 가습기를 가까이 틀어주고 중간 중간 찬바람이 들게 환기를 시켜주었다. 그래도 힘이 드는지 계속 뒤척거렸고, 나는 아이를 품에 안고서 다독거리며 재워야 했다. 아이는 잠자는 중간 중간 기침을 계속하면서 힘겨워했다.

잠이 깬 뒤 겨우 약을 먹인 후 젖을 녹여서 먹였다. 평소 같으면 이유식을 많이 먹이고 젖은 꼭 필요한 경우가 아니면 낮 시간에는 되도록 안 먹이려고 했겠지만, 아픈 아이에게 젖병으로나마 마음껏 엄마 젖을 먹게 해야 할 것 같아서 원하는 만큼 젖을 녹여서 먹였다. 수분 보충을 많이 해주어야 한다고 해서 물도 많이 먹이고 호박배즙도 많이 먹였다. 평소 같으면 네 시간은 지나야 잠이 들던 아이가 세 시간도 되지 않아 또다시 쓰러지듯 잠이 들었다. 잠든 아이를 지켜보는데 어찌나 가슴이 미어지는지 눈물이 날 것 같았다. 예전에도 이처럼 아픈 적이 있었지만, 내가 직접 돌보는 외중에 아픈 상황이어서 나 때문이라는 죄책감이 들어 더욱 힘들었다. 며칠 전부터 눈곱이 끼고 콧물이 조금씩 나왔는데, 그걸 무심코 방치한 결과였기에 죄책감은 더 클 수밖에 없었다.

잠이 깬 아이의 상태는 많이 좋아지고 있었다. 얼굴에 다시 웃음기가 돌아왔고 엄마가 오기를 기다리면서 신나게 놀고 장난을 심하게 치며 이유식도 많이 먹었다. 내 마음도 조금 누그러지며 안심이 되었다. 바로 그때 내 평생 잊지 못할 사고가 일어났다. 정말 아주 짧은 순간이었다. 무심코 했던 사소한 행동이 낳은 결과였다.

시간은 오후 일곱 시 삼십 분! 전쟁 치르듯 이유식을 먹이고 바닥을 닦고 상을 치웠다. 상을 접어서 냉장고와 벽 사이에 둔 후 이유식 먹느라 온통 뒤범벅이 된 아이의 얼굴과 손을 씻어주었다. 수건으로 얼굴과 손을 닦아준 후 아이는 부엌 바닥에서 놀고 난 화장실에 들어갔다. 그리고 조금 후 아이의 자지러지는 울음이 터져나왔다. 황급히 뛰어나와 보니 이유식을 먹고 넣어두었던 상을 짚고 울고 있었다.

그때까지만 해도 그냥 넘어져서 부딪쳤나보다 했는데 아이의 울음소리는 집이 떠나갈 듯 커졌고, 달래느라 아이를 안고 있는데 갑자기 머리에서 붉은 빛이 보였다. 피였다.

한 번 흐르기 시작한 피는 쉼 없이 흘러 나왔다. 놀라서 어쩔 줄 몰라하다가 일단 피를 닦았다. 기저귀 하나가 흥건해지도록 피가 흘러 나왔다. 피 흐르는 게 어느 정도 멈춘 후 소독을 해야 한다는 생각이 든 나는 아이를 안은 채 서랍 이곳저곳을 뒤졌다. 그러나 소독액으로 쓸 포비딘은 보이지 않았다. 손은 떨리고 속은 타들어 갔으며 아무 생각도 나지 않았다. 겨우 포비딘을 찾아 소독을 하고는 아내에게 전화를 걸었다.

간호사인 아내의 판단이 필요했다. 그러나 아내는 전화를 받지 않았다. 핸드폰은 집에 두고 갔고, 일을 마쳤는지 직장전화도 받지 않았다. 마음이 급해졌다. 상처를 살펴봐야 했다. 피와 소독액으로 뒤범벅이 된 상처 부위를 알코올 솜으로 닦아냈다. 아이가 자지러지게 울었다. 알코올 솜은 금방 떨어졌고, 집에 있던 생리식염수로 상처 부위를 닦아냈다. 대략 상처 부위가 보였고, 더 이상 피는 나지 않았다. 상처에 연고를 발랐다. 그때서야 아이는 울음을 멈추었고, 내 품에 안겨서 쌔근거렸다.

조금 진정되자 아이를 달래며 사고 현장을 살펴보았다. 사고는 나의 사소한 부주의가 낳은 결과였다. 평소와 달리 상을 뒤집어두는 바람에 쇠로 된 날카로운 부분이 밖으로 향해 있었다. 그뿐이 아니었다. 이유식을 먹다가 흘린 물이 닦는다고 닦았는데도 바닥에 남아 있었다. 아이는 내가 화장실로 들어가자 평소처럼 상 모서리를 잡고 일어서려다 물에 발이 미끄러지면서 머리 부위를 상다리의 날카로운 부분에 부딪친 것 같았다. 그 사실을 확인한 순간 말로 표현할 수 없는 죄책감이 밀려왔다. 아빠 자격이 없었다. 내 부주의로 인해 사고가 일어났다는 것 때문에 아이에게 너무 미안했다. 더 큰 사고가 날 수도 있었다는 생각이 들자 온몸에 식은 땀이 흘렀다.

사고 후 삼십 분 정도 지나자 아이는 잠이 들었다. 힘겨웠나 보다. 그렇게 잠든 아이를 안고 한 시간 넘게 속상한 마음을 추스르지 못한 채 앉아 있었다. 아내는 사고 후 두 시간 반이 지나서야 집으로 왔고 황망해 했다. 내가 너무 풀이 죽어 있고 걱정하는 걸 보더니 다칠 수도 있지 하면서 위로해 주었다. 그리고 상처를 살피더니 그래도 크게는 안 다쳤다며 다행이라고 했다. 그때까지 풀이 죽어 있던 아이는 엄마를 보고 활짝 웃었다. 엄마 품에서 생글거리는 모습에 가슴이 더 미어졌다.

아내에게 사고 전후 사정을 설명해 주었고, 응급대처 과정 및 아이의 상태에 대해서 얘기를 해주었다. 토하지 않았다는 것, 곧바로 잠들지 않았다는 것을 확인한 후에 아내는 안도하는 듯하더니, 알코올로 소독하지 말라고 했다. 알코올은 상처를 불로 지지는 것과 같은 효과가 있어서 너무 아프다는 것이다. 그러고 보니 알코올 솜으로 닦을 때 아이가 자지러지게 울었던 기억이 났다. 그리고 피를 닦아내지 말고 기저귀나 손수건으로 지그시 눌러서 지혈을 시켜주라고 했다. 피가 엉겨 붙더라도 생리식염수를 살짝 부으면 자연스럽게 떨어지기 때문에 걱정할 필요가 없다고 했다. 생리식염수로 닦아낸 후에 포비딘으로 소독하면 된다는 말도 덧붙였다.

아이는 계속 엄마에게 매달렸다. 솔직히 두려운 마음이 앞서서 돌볼 수 없었다. 평소 같으면 괜찮은 움직임에도 가슴이 철렁 내려앉았다. 목욕 후 생글생글 웃으며 놀던 아이는 새벽 한 시가 넘어서야 잠이 들었다. 육아휴직 기간 중 가장 힘들고 길었던 하루가 끝났다. 평생 잊혀지지 않을 악몽 같은 날이 지나간 것이다. 아빠가 된다는 것은 정말 힘겨운 과정이었다.

그런데 그로부터 얼마 지나지 않아 또다시 견디기 힘든 시련이 닥쳐왔다. 아이의 서울 이모네서 하룻밤을 자고 집에 돌아온 다음 날 오후부터 고열이 나기 시작한 것이다. 39.5℃! 이마는 물론 배, 다리 등 온몸이 뜨거웠다. 아이 키우는 부모라면 누구나 한 번씩 겪고 마음 졸였을 고열이 우리에게도 찾아온 것이다. 예전에도 한두 번씩 열이 난 적은 있었지만 그리 심하지 않았고, 열도 땀 한 번 흘리면 금방 잡히곤 했었다. 그러나 이번엔 차원이 달랐다.

오후부터 나던 열이 저녁이 되도록 떨어질 기미를 보이지 않았다. 겨우 저녁 아홉 시가 되서야 눈에 띄게 떨어져 37℃를 유지했다. 그나마 그때까지는 큰 걱정을 하지 않았다. 아이가 약도 잘 먹었고 이유식이나 젖도 잘 먹었기 때문에 약간 처져 보이긴 했어도 괜찮겠거니 했다. 일단 열이 내린 후 아이의 움직임도 정상화된 듯싶어 안심을 하고 잠이 들었다. 그러나 새벽 2시, 평소 습관대로 잠결에 기저귀를 만져보던 나는 깜짝 놀라서 벌떡 일어났다. 아이의 온몸이 너무 뜨거웠다. 열은 이미 39℃를 넘고 있었다. 잠든 아내를 깨웠다. 아이도 힘에 겨운 듯 눈을 떴다.

그때부터 약을 먹이고 몸을 닦아주고 두부를 으깨서 붙여주었다. 그래도 열은 잡히지 않고 조금씩 오르더니 40℃를 육박하고 있었다. 새벽 4시. 지쳤는지 아이가 펄펄 끓는 열을 안고서 먼저 잠이 들었고, 젖을 물리던 아내도 이내 지쳐 잠이 들었다. 나는 잠깐 잠들었다가 황급히 깨어 아이의 몸을 만져 보았는데 온몸이 흥건히 젖어들고 있었다. 땀이 줄줄 흘렀고 열은 빠르게 내렸다. 다시 안심하고 잠이 들었지만 그것이 끝이 아니었다.

다음 날 아내가 출근하고 잠에서 깬 뒤 열이 다시 오르기 시작했다. 그런데 아이가 약 먹기를 거부해서 문제가 심각해졌다. 첫날 그렇게 잘 먹던 약을 보기만 해도 피해서 달아나고 입에 억지로 떠 넣어도 모조리 뱉어버렸다. 진지한 표정으로 아이를 쳐다보며 설득한 뒤에 약을 다시 먹여 보았지만 소용이 없었다. 약뿐이 아니었다. 이유식도 거의 먹지 않았다. 열 내리는 데 꼭 필요한 수분 보충을 위해 계속 물을 주었지만 그것도 거부했다. 갖가지 노력에도 불구하고 열도 떨어지지 않았다. 엎친 데 덮친 격으로 체온계마저 실수로 깨뜨려서 열이 얼마나 올랐는지도 알 수 없는 처지가 되어버렸다. 아이의 체온은 아내가 퇴근하면서 고막체온계를 사온 뒤에야 제대로 파악할 수 있었다. 고막체온계는 단 몇 초 만에 체온을 파악할 수 있어서 사용하기에 너무 간편했다. 아이 키우는 가정의 필수품이 아닌가 생각된다. 체온 측정 결과 예상했던 대로 39℃를 넘어 40℃를 육박하고 있었다. 열을 내리기 위해 아내가 아이를 달래며 해열제를 먹이려고 했지만, 아이는 요지부동으로 울며 불며 모든 약을 뱉어냈다

새벽 한 시. 아내는 갑자기 생각이 난 듯 '그래 좌약이 있었지'하면서 뒤늦게 그 사실을 깨달은 자신을 탓했다. 그러나 그 시간에 약을 구할 수 있는 곳은 없었다. 아내는 많은 자책을 했다. 간호사면 뭐하냐는 아내를 위로하며 계속해서 아이의 체온을 떨어뜨리기 위해 미지근한 물로 몸을 닦았다. 아이는 새벽 세 시가 되도록 보채기만 할 뿐 잠들지 못했다. 갖은 노력에도 불구하고 열은 잡히지 않았다. 그때 체온계 수치를 본 나는 소스라치게 놀랐다.

40.3℃! 상상치 못했던 열이었다. 심장이 타들어가는 것 같았다. 축 처진 아이를 토닥거리고 달래면서 체온을 떨어뜨리기 위해 계속해서 수건으로 닦아냈다. 부모 되기 정말 쉽지 않다는 생각이 절로 들었다. 이런 모진 밤을 얼마나 더 겪어야 부모 가 되는 것일까? 이런 근심·걱정을 얼마나 더 해야 진짜 부모가 되는 것일까? 밤을 하얗게 지새우는 동안 부모 됨의 무거움과 식을 줄 모르는 아이의 몸에 대한 근심 이 우리 부부를 짓눌렀다. 창 밖이 밝아지는 시간이 되서야 아이는 땀을 흠뻑 홀리

더니 열이 뚝 떨어졌다. 그러나 그것도 잠시였다.

　잠에서 깬 후 다시 열이 올랐고 결국 병원에 가야했다. 피검사도 하고 수액도 맞기로 했다. 그런데 돌이 되지 않은 아이의 혈관을 잡아내는 것이 상당히 어려운 모양이었다. 심상치 않은 분위기임을 느꼈는지 아이도 심하게 보채기 시작했다. 울고불고 난리도 아닌 아이를 붙들고 이곳저곳을 다니다 결국 소아과에 가서야 피를 뽑고 수액을 맞을 수 있었다. 주사실 바깥에서 아이 우는 소리를 들으며 답답하게 서 있는데 간호사가 와서 말을 건넸다.

“듣고 있기 힘드시죠?”

　나는 대답을 하지 못하고 그냥 돌아서서 계단으로 가버렸다. 거기서도 우는 소리가 들렸다. 혹시나 해서 주사실을 들여다 본 나는 기겁을 했다. 온몸이 고정되어 있고 아내와 간호사들이 둘러서서 아이의 팔에 주사 바늘을 꼽고 있었다. 두려운 가운데 어찌할 줄 몰라하며 울던 아이는 나를 한 번 쳐다보더니 더 큰 소리로 울었다. 도와달라고 소리치는 것이었다. 애간장이 탔다. 아내는 나더러 다른 곳으로 피해 있으라고 했다. 그 짧은 시간이 너무도 길게 느껴졌다. 견디기 힘든 시간이 지난 뒤 아이는 눈물과 땀으로 범벅이 된 채 엄마의 품에 안겨 나왔다. 손에는 수액바늘이 꽂혀 있었다.

　아내는 계속 근무를 해야 했기 때문에 나 혼자 아이를 데리고 집으로 왔다. 퇴근 후 아내가 수액바늘을 빼낼 때까지 나는 계속 아이를 안고 있었다. 아무것도 먹지 않았고, 화장실도 가지 않았다. 어깨가 저리고 팔이 빠지는 것 같았지만 그래도 아이를 내려놓을 수 없었다. 축 처진 아이도 힘에 겨운 듯 내 품을 벗어나지 않으려고 했다.

　그날 밤을 고비로 아이는 다시 열이 오르지 않았다. 대신 온몸에 붉은 반점이 나타났다. 열꽃이라고 했다. 고열과 힘겹게 싸운 흔적이었다. 다음 날 아내가 출근한 후에도 난 잠든 아이를 계속 안고 있었다. 아이는 내 품에 안긴 채 땀을 흠뻑 흘리고 있었다. 고열이 날 때 그렇게도 기다리던 땀이었다. 얼굴 표정은 훨씬 평화로웠다. 가끔씩 앓는 소리를 내곤 했는데 조금 다독거리면 소리도 멈추고 다시 깊이 잠들었다.

　며칠 동안 고열을 겪으면서 부모 되기가 얼마나 어려운 일인지 절실히 깨닫게 되었다. 단지 낳고 기른다고 다 부모가 아니었다. 참 부모가 된다는 것이 얼마나 힘든 일인지, 얼마나 많은 시련을 겪어야 하는 일인지 알 것 같았다. 앞으로 얼마나 많은 아픔을 겪어야 할까? 아마 평생 어깨에 지고 갈 짐이란 생각이 들었다. 우리 아버지 어머니가 지고 계신 것처럼 아빠인 내가 짊어지고 가야 할 짐이란 생각이 들었다.

여보 미안해

 육아휴직을 하던 어느 날 아내와 말다툼을 했다. 정말 사소한 일로 인한 말다툼이었다. 내가 샤워하고 있을 때 아이가 똥을 쌌는데 도와달라는 아내의 말을 무시하고 내다보지도 않았다고 싸우고, 어지럽혀진 방을 치운다는 아내에게 그러면 뭐하냐는 식으로 얘기했다가 또 싸웠다. 사소한 문제로 싸우는 일들이 몇 번 반복되자 아내가 심각하게 물었다.

"육아휴직 하는 게 힘들어?"
난 당연히 아니라고 했다.

"그러면 왜 그렇게 말할 때마다 사람 마음을 상하게 해?"
처음엔 그렇지 않다고 했지만, 얘기를 나누다보니 솔직히 인정할 수밖에 없었다.

"정말 힘든 거 아냐? 그렇게 힘들면 육아휴직 지금이라도 그만 해."
난 육아휴직 자체는 상당한 즐거움이고 다시없는 경험이란 점을 강조하며 그만둘 생각이 전혀 없다고 했다.

"근데 왜 그래?"
"아마도 보상 심리 때문이 아닐까?"

"보상 심리라니?"

"내가 이만큼 하는데 당신이 많이 알아줬으면 하는 마음……."

"나 충분히 고마워하고 있어. 일도 많이 도와주고, 육아도 함께 책임지고, 육아휴직까지 한 거 충분히 고마워해……."

"그건 아는데. 있잖아, 이 정도까지 하는데 좀 봐주지 하는 생각. 그리고 너보다 고생하고 있다는 생각……."

그러나 나는 그 말을 해놓고 크게 잘못되었음을 깨달았다. 사실 아내가 훨씬 고생하고 있었기 때문이다. 직장은 직장대로 다니면서 내가 육아휴직을 했다는 이유로 집안일도 더 많이 하고, 밤늦게 아이가 잠들지 못하면 업어서 재우는 일도 아내의 몫이었다. 늦게 잤다고 해서 나처럼 아이와 늦잠을 자지도 못하는 처지여서 나보다 훨씬 많이 피곤할 수밖에 없는 상황이었다.

이런 사실을 깨달은 순간 난 그렇게 미안할 수가 없었다. 난 항상 내가 도와주는 존재가 아니라 함께하는 존재임을 강조했었다. 그건 집안일이건 육아이건 마찬가지였다. 그런데 육아휴직을 하면서 어느새 난 '나처럼 많이 도와주는 사람이 없다'는 자만심에 깊이 빠지면서 스스로 도와주는 존재, 부차적인 존재가 되어 있었던 것이다. 그래서 집안일에도 소홀해지고 아내가 퇴근하면 아이 돌보기에도 소홀해지곤 했던 것이다. 스스로 못난 존재가 되고 있음을 깨달은 나는 깊이 반성하지 않을 수 없었다.

그 다음 날 난 오랜만에 맛있는 반찬을 이것저것 만들어서 퇴근한 아내에게 저녁을 대접했다. 아이도 내 마음을 아는지 엄마의 퇴근 시간에 맞추어 잠이 들어서 우리 부부는 모처럼 만에 진수성찬의 저녁을 편안하게 즐길 수 있었다.

"웬일로 안 하던 걸 다 하네."
아내가 조금 퉁명스럽게 물었다. 난 웃으며 대꾸했다.

"안 하던 일이 아니지. 육아휴직 전에 내가 하던 걸 다시 하는 거지."

육아휴직 꼭 해보세요

육아휴직 기간 중 아내가 평일에 쉬는 날 모처럼 직장에 나가보았다. 담당 업무 중 시급한 일이 있기도 했지만, 새해 인사를 하기 위한 출근이었다. 물론 아침 일찍 나가지는 않았다. 점심까지 집에서 챙겨먹고 혹시 몰라 옷을 단단히 껴입은 후에 지하철을 타고 출발을 했다. 오랜만에 신문을 사서 읽었는데 내용이 잘 이해되지 않았다. 한 달여 동안 집에서 TV도 보지 않은 통에 완전히 까막눈이 되어 있었다.

직장에 도착해서 반갑게 새해 인사를 나누고 약간 지저분해진 책상을 정리한 후 컴퓨터를 켰다. 오랜만에 들어가 본 인터넷은 낯설었고, 휴직기간 중 소홀히 한 가족 홈페이지엔 불청객들의 흔적까지 남아 있었다. 이런저런 일을 처리하고 퇴근 시간에 맞춰 오랜만에 술을 먹으러 갔다. 아이 돌보는 걸 결코 소홀히 할 수 없는 상황이어서 과음은 물론 금지였다. 몇 잔 가볍게 먹기로 마음먹고 흥겨운 마음으로 술집에 들어섰다. 시원한 맥주 맛, 아삭아삭한 안주 맛, 이 사람 저 사람, 이일 저일 들먹이는 입담 맛에 시간 가는 줄 몰랐다.

"애만 키우다보니까 세상 돌아가는 게 낯설어요."
오가는 대화를 제대로 이해하지 못한 내가 내뱉은 말이었다.

"그때가 좋아. 지나고 보면 정말 소중한 시간이었다고 느껴질걸."

가족의 행복을 위해 일하지만 사실은 그 행복을 포기하고 살아야만 하는 아빠들이여!
세상과 싸우는 일을 잠시 접어두고 아이와 함께 즐거운 시간을 보내는 것은 어떨까?
그리하여 인생에서 다시는 겪지 못할 소중한 시간을 가져보는 것은 어떨까?

맞는 말이란 생각이 들었다. 무언가 뒤처지고 세상과 낯설어진다는 불안감이 없지 않아 있었지만, 정말 다시는 경험할 수 없는 소중한 시간, 재충전의 시간인 것만은 분명한 사실이었다. 당분간 이렇게 길게 쉬는 날은 가질 수 없을 것이고, 무엇보다 아이와 이렇게 오랫동안 함께 부딪히며 지낼 수 있는 기회는 다시는 오지 않을 것이다. 아무리 생각해도 육아휴직 하길 잘했다는 생각이 들었다. 이런 기회가 주어질 수 있는 사회가 되었다는 것에 흐뭇하기도 했다. 물론 아직도 많은 이들에겐 그림의 떡일 뿐인 제도지만 말이다.

저녁 여덟 시가 넘어가자 아내에게 전화가 왔다. 부담 갖지 말고 천천히 먹고 오라고 했다. 그러나 아홉 시가 넘어서 다시 전화가 왔을 때 더 늦을 것 같다고 하자 빨리 왔으면 하는 눈치를 보였지만, 들어오라는 말은 하지 않았다. 끝나지 않을 것같이 이어지던 얘기를 겨우 마무리하고 열 시가 되어서야 집으로 향하는 지하철에 몸을 실을 수 있었다. 피곤에 지친 사람들과 함께 지하철을 타고 집으로 향했다. 지하철 안의 풍경은 삭막했다. 일에 지치고, 사람에 지치고, 돈과 시간에 짓눌려 사는 모습들이 거기에 있었다. 예전엔 보이지 않았던 모습이었는데, 잠시 그런 삶에서 벗어나 있던 내 눈에 짓눌리고 지친 모습이 너무도 생생하게 비춰졌다. 육아휴직이 끝나면 나도 다시 저런 모습으로 살아갈 걸 생각하니 가슴 한쪽이 답답해졌다. 행복을 위해서 힘들게 사는 것인데, 저렇게 사느라 행복을 잊고 살게 되는 현실이 싫어졌다. 행복을 추구할 권리를 박탈하는 사회는 비인간적인 사회이며, 반인륜적인 사회라고 믿고 있다. 그런 면에서 우리 사회는 인간적인 사회라고 부르기에는 아직 멀었다는 생각이다.

2001년 11월 개정된 모성보호법으로 육아휴직이 유급화되었음에도 불구하고 육아휴직을 원하는 대로 할 수 없는 분위기가 우리 사회와 직장을 무겁게 짓누르고 있는 게 현실이다. 그리고 상당한 시간이 흐르기 전에는 이런 분위기가 바뀌지 않을 것 같다. 회사를 경영하는 사용주들은 모성보호 문제, 육아문제를 단지 비용의 논리로만 접근하고 있다. 여성 노동자의 출산휴가 3개월이나 육아휴직 1년이라는 시간은 사용주들에게 손해로 여겨질 뿐이다. 다수의 남성들이 갖고 있는 가부장적인 생각도 크게 바뀌지 않았다. 옆자리에 함께 근무하는 직장 동료, 남성은 물론이고 여성이 육아휴직을 한다고 했을 때 기뻐하는 남성이 얼마나 될까? 당장 일이 많아진다는 생각에 한숨부터 나올 것이다. 이처럼 우리나라는 아직도 육아의 문제가 사회의 문제가 아니라 가족이 모든 것을 책임져야 하는 문제로 남아있다. 그러나 육아의 문제를 가족의 문제로 취급할 경우 최근에 나타난 현상처럼 심각한 출산율 감소로 인해 국가발전의 미래가 암담해지는 상황이 올 수 있다. 육아의 문제는 원래부터 가족만의 문제가 아니라 사회의 문제이다. 사회가 유지되고 운영되기 위해서 반드시 필요한 일이기에 육아의 문제는 사회의 문제인 것이다. 모성의 보호를 위한 투자, 육아를 위한 투자는 결코 소모적인 비용이 아니라 우리 사회의 미래를 위해 가장 필요한 투자인 것이다. 모성과 육아에 대한 사회적 인식의 전환이 시급히 이루어져야 할 것이다.

가족의 행복을 위해 일하지만 사실은 그 행복을 포기하고 살아야만 하는 아빠들이여! 세상과 싸우는 일을 잠시 접어두고 아이와 함께 즐거운 시간을 보내는 것은 어떨까? 엄마보다 먼저 아이의 이가 난 것을 발견하고, 엄마보다 먼저 아이의 걸음마를 경험해 보는 즐거움을 상상해 보면 어떨까? 아이가 엄마란 말보다 아빠란 말을 더 익숙하게 사용할 때의 뿌듯함을 느껴볼 생각은 없는가? 그런 생각이 조금이라도 있다면 기꺼이 아이에게 자신의 모든 시간을 투자해봄은 어떨까? 그리하여 인생에서 다시는 겪지 못할 소중한 시간을 가져보는 것은 어떨까? 열심히 일한 당신, 멀리 여행 떠날 생각만 말고 일터를 떠나 아이와 함께 지내보면 어떨까? 매력적이지 않은가? 정말 상상만 해도 즐겁지 않은가? 당신의 아이가 아직 돌이 지나지 않았고 당신이나 당신의 아내가 노동자라면 당신은 육아휴직을 할 수 있다. 그 외에 필요한 것은 아무것도 없다.

아빠 품을 떠나서

두 달 동안 항상 내 품에서만 놀던 아이를 떠나 보내야 할 시간, 육아휴직이 끝나는 시간이 다가오자 착잡하고 서운해졌다. 어린이집 선생님에게 아이를 맡기고 나오는데 발길이 떨어지지 않았다. 아빠가 온갖 응석 다 받아주고, 하고 싶은 것 다 하게 해주었는데 이제 하고 싶은 것도 못하고, 응석도 제대로 부리지 못할 거라고 생각하니 가슴이 미어지는 듯했다.

아이를 어린이집에 맡기고 집에서 쉬는 첫날 두 시간 동안 눈앞에 아이가 어른거렸고 문 뒤에서 금방 '까꿍'하며 환한 표정으로 나타날 것만 같았다. 차곡차곡 꽂혀진 책, 얌전히 닫혀있는 싱크대와 장롱, 깔끔하게 정리된 장난감으로 인해 집이 깨끗해지고 넓어진 듯했지만 오히려 허전하기만 했다. 여유롭게 앉아 밥을 먹고, 텔레비전을 보고, 책도 읽어보았지만 차라리 정신없던 시간들보다 즐겁지 않았다.

지루했던 두 시간이 지나자 쏜살같이 아이를 찾으러 갔다. 하루하루 맡기는 시간을 늘려가며 어린이집에 적응시키기로 했기 때문에 첫날은 두 시간 만에 찾으러 간 것이다. 두 시간 만에 찾아간 어린이집에는 천사 같은 미소가 기다리고 있었다. '아빠! 아빠!'하며 달려드는 장난꾸러기가 기다리고 있었다. 덥석 안아 들어 올렸더니 한 손을 휘휘 저으며 마치 지난 두 시간을 설명하려는 듯 옹알거렸다. 맡기기 전에 이유식을 많이 먹고 간 탓인지, 아니면 낯설어서인지 두 시간 동안 아무것도 먹지 않았다고 했다. 집에 와서 젖병으로 젖을 순식간에 빨아먹더니 지친 듯 잠이 들었다.

둘째 날은 어린이집에서 점심을 먹인 후 떠나왔다. 첫날보다는 마음이 덜 무거웠다. 아이도 잘 먹고 비교적 잘 노는 것 같았다. 반갑게 안고서 옷을 갈아 입혀 집으로 가려고 하자 아이들 노는 곳을 가리키며 다시 옹알거렸다. 어린이집에 잘 적응하고 있는 것 같아 반가웠다. 둘째 날은 집에 오자마자 잠이 들었다. 셋째 날은 조금 일찍 맡기고 퇴근 시간이 다 되어 찾으러 갔다. 역시 잘 먹고 잘 놀았다고 했다. 다행이었다. 적응하는 것이 빨라 기특하기도 했다. 그런데 아주 반갑고 좋기만 할 줄 알았는데, 아빠 품을 떠나서도 잘 놀았다는 생각에 조금 서운한 마음도 들었다. 그러나 그런 생각은 다음 날 바로 접어야 했다.

넷째 날 아침 아빠가 떠나려고 하기만 하면 울고불고 난리가 나서 움직일 수가 없었다. 내려놓기만 하면 울면서 달려들었다. 눈엔 눈물이 글썽글썽 했다. 도저히 그냥 두고 나올 수가 없었다. 많은 엄마들에게서 듣곤 했던 바로 그 상황이었다. 꼭 안아주고서 아빠는 반드시 다시 오니까 울지 말라고 해도 막무가내였다. 아빠가 떠나는 걸 알아차린 아이는 꼭 붙어서 떨어지려고도 하지 않았다. 앞으로 수없이 반복될 모습이었다. 선생님 품에 겨우겨우 안겨놓고 떠나왔다. 창 너머로 칭얼대는 소리가 들렸다. 흘깃 한 번 쳐다보고는 마음이 아파서 더 보지 못하고 어린이집을 나와 버렸다. 입에서 절로 한숨이 나왔다. 어쩔 수 없이 아이를 맡기는 상황이 정말 싫었다. 예전에는 아이를 맡길 때 아내가 힘들어하면 내가 위로해 주곤 했는데 이번에는 내가 더 힘들어하고 있었다. 아마도 두 달 동안 아이와 계속 붙어있던 탓인 것 같았다. 67일간의 육아휴직은 아이의 울음소리와 함께, 진한 아쉬움과 함께 그렇게 끝이 나고 있었다.

아빠와 함께 크는 아이

육아휴직 후 나는 직장에 복귀했고, 아이는 어린이집에 맡겨졌다. 그리고 내가 직장에 복귀한 지 두 달 후에는 낮 근무만 하던 아내가 3교대 병동 근무로 전환하게 되었다. 간호사인 아내의 근무형태가 3교대로 바뀐 것은 우리 가정의 삶에 큰 변화를 가져왔는데, 아이를 맡기고 찾는 일도 아내의 근무표에 따라 좌우되었다. 내가 다니는 직장 또한 시간적 여유를 많이 낼 수 있는 곳이 아닌 데도 불구하고, 전적으로 아내의 근무표에 맞춰서 생활해야 한다는 것은 버거운 일이었다. 남편의 육아휴직을 인정해 줄 정도로 열린 분위기의 직장이었기에 이러한 사정도 충분히 인정받고는 있었지만, 눈치가 보이는 건 어쩔 수 없었다.

아이를 맡기고 찾는 문제와 더불어 아이가 자주 아픈 것도 우리를 힘겹게 했다. 선천적으로 호흡기가 약한 데다 대도시에 살면서 어린이집까지 다니니 계속해서 호흡기 질환을 달고 살았다. 한 달에 한 번은 아팠고, 그럴 때마다 치솟아 오르는 열 때문에 밤을 새고 병원을 제집 드나들 듯해야 했다. 아이가 15개월이 되던 어느 날 밤에는 '경기'를 해서 소스라치게 놀라기도 했다. 그 이후에는 열이 조금만 오르면 혹시나 이번에도 또 '경기'를 하는 것은 아닌지 걱정스러워 잠 못 이루는 밤을 숱하게 보내야 했다. 그나마 엄마와 함께 있는 밤은 낫지만, 엄마가 밤근무 하는 날에 아이가 아프기라도 하면 날이 훤해질 때까지 홀로 맘고생하며 지내야 했다.

그렇게 전쟁을 치르듯 살던 어느 날 아이가 덜컥 폐렴으로 입원을 했다. 어느 날 열이 올라 병원에 가서 진찰을 받아보니 폐렴이라는 진단이 나온 것이다. 그것도 아주 깊은 곳에 생겨서 입원을 해야만 한다고 했다. 때마침 사정이 있어 다니던 직장을 그만두고 쉬고 있던 나는 입원해 있는 기간 내내 아이를 지켰다. 병원 환경이 주는 낯설음, 계속되는 검사와 치료에 따른 힘겨움으로 인해 아이는 많이 힘들어했고 지쳐있었다. 입원한 지 얼마 지나지 않아 병세가 크게 호전되어 퇴원을 했지만, 약은 계속해서 먹어야 했고 병원도 정기적으로 다녀야 했다. 아이가 폐렴에서 완전히 나은 것은 퇴원 후 보름이 지나서였다.

그렇게 무사히 넘어가나 싶었다. 여느 아이들처럼 한 번 심하게 아팠던 거라고 여겼다. 이제 씩씩하고 건강한 아이, 말썽부리며 신나게 뛰어 노는 아이로 다시 되돌아갈 거라고 믿어 의심치 않았다. 그런데 그게 아니었다. 불과 보름이 지나지 않아 다시 병원을 찾은 아이는 '천식' 판정을 받았다. 초기라고 했다. 증상은 심하지 않지만, 이런 증상이 두세 번만 더 반복되면 평생 '천식'을 지고 살아가야 한다고 했다. 그렇게 뛰어 놀기 좋아하고 활동적인 아이가 마음껏 뛰어 놀지도 못하고, 항상 응급사태에 대비하고 걱정하며 생활해야 한다고 생각하니 끔찍하기만 했다. 천식의 원인은 지속적으로 반복된 감염이었다. 그렇지 않아도 호흡기를 약하게 갖고 태어난 아이가 어린이집에 다니면서 반복적으로 호흡기 질환에 노출된 것이 원인이었다. 천식으로 넘어가지 않게 하는 가장 좋은 방법은 어린이집에 보내지 않고 집에서 아이를 돌보며 세심하게 건강을 관리하는 것이었다. 물론 이런저런 약을 쓰는 것도 좋지만, 그게 가장 확실하고 안전한 방법이었다.

난 며칠 동안 밤낮으로 고민에 빠졌다. 내가 지금 이 순간 어떤 선택을 하느냐에 아이의 미래와 나의 미래가 달려 있었기에 생각에 생각을 거듭해야 했다. 지금 여기서 취업을 포기하고 아이를 돌본다면 나의 미래는 어떻게 될 것인가? 과연 내가 상당 기간 동안 직장을 다니지 않고 아이를 돌본 후에 다시 제대로 사회에 복귀할 수 있을까? 아이를 위해 내가 이렇게까지 희생해야 하는 것인가? 내 미래에 대한 불안감은 좀처럼 떨쳐버리기 힘들었다.

그러나 아빠인 나의 미래를 위해 아이의 미래를 희생시키는 것은 너무도 무책임하게 여겨졌다. 부모가 아이에게 해주어야 할 것은 '아이가 스스로의 힘으로 세상을 살아갈 밑바탕을 마련해 주는 것'이라는 평소의 생각을 되짚어 보았다. 건강은 스스로의 힘으로 세상을 살아갈 가장 큰 밑천인데, 그것을 잃어버리게 내버려 둘 수는 없었다. 부모가 자식의 건강을 지켜줄 수 있음에도 불구하고 이를 지켜주지 못하는 것은 죄악이라는 것에 생각이 미치자 내 선택은 분명해졌다. 내가 일을 갖는 것은 잠시 뒤로 미루고 아이를 위한 시간을 갖기로 결정한 것이다. 물론 내 삶의 미래는 많이 불투명해지고 힘들어질 것이다. 그러나 그 정도는 내 노력 여하에 따라 얼마든지 극복할 수 있지만, 아이의 건강은 한 번 잃어버리면 평생 돌이킬 수 없는 일이기에 비교할 수 없었다.

아내에게 이 같은 결심을 먼저 꺼내자 아내의 얼굴이 밝아졌지만, 한편으론 걱정스런 표정으로 내게 물었다. '후회하지 않겠냐고? 미래가 걱정되지 않느냐고?' 물론 절대 후회하지는 않을 거라고 했다. 미래가 조금 걱정되기는 하지만, 그것은 전적으로 나의 노력에 달린 문제라고 했다. 그 말을 들은 후 아내의 얼굴은 그 어떤 때보다 환해졌다.

그렇게 결심한 후 바로 집에서 아이를 돌보기 시작했다. 2002년 10월부터 시작된 아이와 아빠가 함께하는 시간은 지금도 계속되고 있고 앞으로도 상당 기간 계속될 예정이다. 아빠가 직접 돌보기 시작하면서 아이의 건강은 급격하게 좋아졌다.

딱 한 번 아빠가 음식을 잘못 먹여서 장염에 걸린 것을 제외하고는 감기도 거의 걸리지 않았고, 설령 걸렸다 하더라도 하루 이틀 정도 약하게 앓고 난 후 약을 먹지 않고도 금방 좋아졌다. 아이의 건강이 눈에 띄게 좋아진 것을 확인하게 되자 난 내 선택이 옳았다는 확신을 갖게 되었다.

그런데 그뿐이 아니었다. 단지 아이를 위한 선택이었고, 아이를 위해 희생한다는 생각이었는데 그것이 아니었다. 아이와 함께 보내는 시간이 내게도 너무나 소중하고 가치 있게 다가왔기 때문이다. 그 시간 동안 직장에 다니고, 일을 하는 것보다 아이를 돌보는 일은 백 배, 천 배 나에게 만족감을 주었고 삶의 가치에 대해 되돌아보는 계기를 만들어주었다. 아빠가 직접 아이를 돌보고 있다는 사실을 알게 된 사람들이 종종 그 선택을 후회하지 않느냐고 묻곤 하는데, 그때마다 난 이렇게 대답한다.

"전 지금 인생에서 제가 할 수 있는 가장 소중한 일을 하고 있습니다. 그 무엇과도 바꿀 수 없는 가장 가치 있는 일이 바로 제가 하는 일입니다."

약속 6

좋은 아빠가 되기 위한 다섯 가지 선택

이제 육아와 가사일에 적극적으로 참여하는 아빠들을 접하는 것은 어려운 일이 아니다. 그럼에도 불구하고 주변엔 여전히 아빠의 육아와 가사 참여에 소극적이고 못마땅해 하는 남편들이 많다. 특히 치열한 경쟁사회 속에서 가정 경제를 책임지고 있는 가장들의 경우 가족과 함께하는 최소한의 시간도 배려받지 못하는 경우가 많은 현실이고 보면, 무조건적으로 아빠들에게 이를 강요하는 것도 무리이다. 이러한 사회적 여건에서 아빠들의 참여는 시간과 양의 문제가 아니라 어떤 태도를 가지고 참여하느냐 하는 질의 문제이다. 아무리 많이 참여한다고 하더라도 내가 이렇게 도와주니 고맙지 하는 생각을 한다면 그것은 크게 잘못된 것이다. 물론 육아 참여에 대해 소극적이고 못마땅해 하는 아빠의 모습은 더 잘못된 것이다. 시대가 요구하고 가정이 요구하는 아빠의 모습은 '좋은 아빠'이다. 좋은 아빠가 되기 위한 당신의 선택은 어떤 것인가?

① 씨앗을 뿌릴 것인가? 열매만 따먹을 것인가?

아빠, 아빠하며 달려드는 아이의 모습, 아빠가 아이의 등을 두드려주는 모습, 휴일에 놀러 나와 다정하게 다니는 모습 등은 아빠들이 상상하는 즐거운 장면이다. 이렇듯 아빠들은 누구나 육아의 열매를 무척 좋아한다. 엄마들은 아이가 생기면 육아를 어떻게 할 것인지 많은 고민을 하지만, 아빠들의 고민은 엄마들의 고민에 크게 못 미친다. 씨앗을 뿌리는 것에 대한 관심보다는 열매에 관심이 더 많은 격이다. 육아에 대해 적극적으로 고민하고 함께하기 위해 노력하겠다고 결심하는 것은 좋은 아빠가 되기 위한 출발점이다.

② 보조적인 존재가 될 것인가? 주체적인 존재가 될 것인가?

아빠들이 육아에 참여하며 흔히 하는 생각은 '도와준다'는 것이다. 이는 가사도 마찬가지이다. 그러나 육아의 주체는 '부모'이지 엄마가 아니다. 아빠와 엄마 둘이 함께 아이를 책임지고 키우는 것이다. 아빠는 엄마를 도와주는 존재가 아니라 함께 아이를 키우는 존재이다. '도와준다'는 생각을 하는 순간 당신은 이미 주체적인 존재가 되는 것을 포기한 것이다. 육아에 대한 고민을 엄마가 하는 고민의 수준으로 끌어올리고, 모든 육아 태도에서 자신의 일이란 생각을 갖는 것이 바로 주체적인 존재가 되는 길이다. 치열한 경쟁사회에서 살아가기 바쁜 아빠들에게 육아의 많은 양을 담당하라고 하는 것은 현실적으로 무리가 있다. 그러나 중요한 것은 양이 아니라 마음가짐이다. 부족한 시간에도 최선을 다하겠다는 자세, 피곤하지만 아이 돌보는 일 또한 내 일이라는 자세가 필요하다. 주체적인 사고방식을 갖는 것은 좋은 아빠가 되기 위한 필수조건이다.

③ 의무감으로 할 것인가? 즐거움으로 할 것인가?

사회에서는 유능한 가장이 되어야 하고, 집에서는 좋은 아빠가 되어야 한다는 아빠들의 중압감이 늘어나고 있다. 직장과 육아 모두를 완벽하게 해내야 한다는 '슈퍼우먼 콤플렉스'와 마찬가지로 아빠들이 느끼는 이 중압감은 '좋은 아빠 콤플렉스'로 연결된다. 사회적 분위기가 아빠들의 육아 참여를 적극적으로 요구하면서 이에 대해 부담감을 느끼는 것이다. 이런 부담감에서 벗어나는 길은 무엇일까? 그것은 즐거운 마음을 갖는 것이다. 아이를 돌보면서, 집안일을 하면서 부담감이나 의무감을 갖지 말고 그 속에서 즐거움을 찾아내어 충분히 느껴야 한다. 아이 돌보는 것이 어쩔 수 없는 일이라고 생각한다면 그 시간을 어떻게 보내야 할지 고민스럽겠지만, 그 시간을 즐기고 재밌게 보낸다면 언제 시간이 갔는지 모르게 아이와 함께하는 시간은 쏜살같이 지나간다. 육아를 통해 느껴지는 행복감은 좋은 아빠에겐 삶의 원동력이다.

④ 육아휴직을 할 것인가? 말 것인가?

육아휴직은 사실 여건이 되는 사람들만이 할 수 있는 일이다. 제도상의 제약도 제약이지만 아직까지 육아휴직에 대해 달갑지 않은 시선이 많은 상황에서 육아휴직을, 그것도 남자가 한다는 것은 어지간한 결심이 아니고는 힘든 일이다. 누구 말대로 우리 사회에선 출세를 포기한 후에나 가능한 일일 수도 있다. 그러나 아직까지 어려운 여건에도 불구하고, 육아휴직은 정말 매력적인 유혹이다. 육아휴직은 반드시 해야 하는 것은 아니지만, 한 번 해본다면 후회하지 않을 선택이 될 것이다.

⑤ 육아관련 사회적 활동을 할 것인가? 말 것인가?

모성은 당연히 보호받아야 하는 사회적 권리이다. 아이들 또한 따뜻하고 사랑이 넘치는 보살핌을 받을 권리가 있다. 따라서 누구든 모성보호를 위해, 아이들의 보다 나은 보살핌을 위해 노력하는 것은 가치 있는 일이고 정당하다. 그러나 우리 사회는 모성과 아이들의 권리에 아주 인색한 형편이다. 따라서 당연한 권리를 인정하고 실현시키기 위한 노력이 필요하다. 특히 아빠들의 노력이 필요하다. 그렇다고 특별한 활동을 할 필요는 없다. 단지 주변 사람들과 육아와 모성에 대해 자주 이야기하고 올바른 관점을 심어주는 노력이면 된다. 인터넷을 통해 활발한 의견 개진이나 활동을 하는 것도 하나의 방법이다. 나아가 직장과 사회의 분위기를 바꾸기 위해 적극적인 활동을 펼치는 것도 좋을 것이다. 자신이 속한 가정뿐 아니라 직장과 사회 모두를 좋은 아빠로 만들기 위한 '좋은 아빠'들의 지속적인 노력이 필요하다.

결론적으로 좋은 아빠가 되기 위해서는 먼저 육아에 참여할 것을 선택하고, 참여를 선택했다면 보조적이 아닌 주체적으로, 의무감이 아닌 즐거움으로 육아에 참여해야 한다. 또한 육아휴직을 함으로써 육아의 중심이 되어 보거나, 나아가 주변에 이러한 참여의 필요성과 즐거움을 적극적으로 알려나간다면 금상첨화일 것이다. 좋은 아빠가 되기 위한 당신의 선택은 어디까지인가?

나누고 싶은 이야기

“이 땅의 모든 아이들이 자신을 존중하고, 서로를 존중하며,
인간다운 삶을 누릴 수 있기를 기원합니다.”

여섯 가지 약속을 가르쳐 준 출산준비 부부교실

우리 부부가 아이를 낳고 키우는 데 가장 큰 밑거름이 된 것은 조산원에서 받았던 출산준비 부부교실이었다. 현재 많은 병원이나 보건소, 기타 교육기관에서 출산준비 교실을 열고 있고 부부들이 함께 참여하는 경우도 많이 볼 수 있다. 요즘 출산준비 교실에 참여하는 임산부들은 단지 고통이 없는 출산을 넘어 자신만의 출산을 계획하고 연출하며, 출산의 당당한 주체가 되기 위해 적극적이다. 출산에 대해 체계적인 교육을 받지 않은 산모는 막연한 공포를 갖고 의료인에게 지나치게 의존하여 출산의 주체가 되지 못하는 경우가 많지만, 출산준비 교육을 받은 임산부는 출산에 대한 불안과 공포에서 자유로워지며 의료인에 대한 지나친 의존에서 벗어나 자신의 몸과 아이를 신뢰하며, 출산의 당당한 주체가 되고 있다. 따라서 출산을 앞둔 임산부라면 반드시 출산준비 교육을 통해 자신감을 갖는 게 필요하다.

임산부뿐 아니다. 사실 출산준비 교실은 출산과 육아에 대해서 잘 알지 못하는 예비 아빠들에게 더욱 필요하다. 출산준비 교실을 통해 출산과 육아에 대한 정확한 정보를 알아야만 출산과 육아의 과정에 원만하게 참여할 수 있고, 아내와 아이에게 사랑받는 아빠가 될 수 있다. 출산의 힘겨운 과정에서 남편의 적극적인 지지와 도움을 받는 산모가 그렇지 않은 산모보다 훨씬 정신적으로 안정된 마음을 갖고 최선을 다해 출산의 과정을 이겨내고, 행복한 출산을 경험하게 됨은 당연하다. 왜곡된 출산 문화를 바로잡고 축복과 행복이 가득한 출산 문화를 정착시키

우리가 조산원에서 받았던 출산준비 부부교실에서는 단순히 출산준비를 위한 교육만 진행된 것은 아니었다. 출산 후 모유수유에 대한 것은 물론이고 산후관리와 신생아 돌보기, 천 기저귀 사용과 아이 돌보는 데 필요한 부모의 자세와 원칙들에 대한 것도 교육을 받았다. 특히 남편의 역할이 무엇이어야 하는지를 생각하는 시간을 많이 가졌다. 출산준비 부부교실이 있었기에 나와 아내는 아이에게 이것은 꼭 지키겠다는 여섯 가지의 약속을 할 수 있었고, 지금까지 그 약속을 소중하게 지켜 올 수 있었다.

출산준비 교육은 1940년대 영국에서 시작되었다고 한다. 출산의 공포로부터 자유롭기 위하여 임신과 출산에 대한 전반적인 지식과 호흡, 이완, 연상, 체조 등을 통하여 신체적 준비를 도모하기 위함이었다. 그 후 라마즈 교육에서 호흡법이 좀더 다듬어졌고, 그 내용은 한국에도 이미 알려져 많은 이들이 경험하고 있다. 요즘 관심을 모으고 있는 교육법은 임산부 기체조 교실과 소프롤로지를 들 수 있다. 임산부 기체조 교실에서는 스트레칭을 기본으로 한 출산에 대한 정보가 제공되고, 소프롤로지는 라마즈 교육처럼 프랑스에서 발전하여 일본을 거친 후 비교적 최근에 한국으로 들어왔으며 복식호흡, 체조, 연상, 명상 등 동양적인 이론과 방법을 활용하여 출산을 위한 몸과 마음의 준비를 하는 것이다. 미국에서는 남편의 역할을 강조하는 라마즈 법과 브래들리 법이 일반화되어 있는 반면 일본에서는 소프롤로지, 임산부 요가, 라마즈 교실을 쉽게 찾아볼 수 있다고 한다.

우리 부부가 다녔던 조산원에서는 임산부 체조교실과 함께 출산을 앞둔 부부를 대상으로 출산준비 부부교실을 운영하고 있었는데, 우리 부부는 출산준비 부부교실을 함께 들었고 아내는 나중에 임산부 체조교실에도 다녔다. 조산원의 출산준비 부부교실의 프로그램은 총 네 번의 강의로 이루어져 있다. 첫 강의는 태교와 임신 중 변화와 관리, 임신중 영양과 연상법 그리고 임산부 체조교육을 실시한다. 두 번째 강의는 출산의 생리, 호흡법과 이완법, 호흡법과 이완법 실습, 체조교육을 실시한다. 세 번째 강의는 출산시 힘 주는 방법과 남편의 역할, 모유수유, 임산부 체조와 호흡실습, 출산비디오 시청으로 이루어진다. 마지막 네 번째 강의는 모유수유와 산후조리, 신생아 돌보기 등으로 진행된다. 출산준비 부부교실은 강의뿐 아니라 비슷한 상황에 처한 사람들끼리 이야기를 나눌 수도 있어 더욱 많은 도움이 된다. 특히 교육이 끝난 후에도 기수별 모임이 운영되어, 출산은 물론 육아과정에서 필요한 정보와 도움을 얻고 인간적 교류를 지속할 수 있어서 좋다. 조산원 출산준비 부부교실의 내용 중 도움이 될 만한 내용을 간단히 소개하면 다음과 같다.

임신중의 변화와 태교

임신을 하면 임산부의 몸에 신체적 변화가 일어난다. 임신 초기의 가장 특징적인 변화는 빈뇨와 입덧이다. 빈뇨는 자궁이 증대하면서 방광이 압박감을 받아 발생하는 것으로 저녁식사 후 음료를 적게 마시고, 빈뇨를 가중시키는 카페인을 제한해야 한다. 특히 소변이 마려울 경우 참지 말고 바로 배뇨를 해야 한다. 임신을 하고 초기에 가장 많은 고통을 주는 것이 입덧인데, 정확한 원인은 아직 밝혀진 바 없다. 입덧을 아기가 엄마에게 몸조심하라고 보내는 신호이거나, 주위 사람들에게 엄마가 임신을 했으니 잘 보살펴달라는 신호를 보내는 것으로 해석하면 어떨까? 이런 적극적인 생각이 입덧을 보다 잘 견디게 해줄 수 있을 것이다. 입덧을 완화하려면 위의 공복상태나 과식을 피하고 일어나자마자 크래커, 비스킷 등 건조한 탄수화물을 먹어 공복감을 없애주는 것이 좋다. 기름지거나 자극성이 있는 음식은 피해야 하고, 따뜻한 우유나 차 등은 도움이 된다.

임신 중기에 많이 나타나는 현상은 변비와 가려움증, 요통과 관절통, 골반통증, 손의 마비 등으로 아이가 성장함에 따라 전반적인 변화가 일어난다. 변비는 장 운동 저하가 그 원인이며, 충분한 수분 및 섬유질 섭취, 적당한 운동이 필요하다. 가려움증은 담낭 내 담즙분비가 지연됨으로 인해 발생하는 것으로 온수목욕이나 찬물 찜질, 옷을 헐겁게 입음으로써 완화시킬 수 있다. 요통과 관절통, 골반통증은 아이가 커짐에 따라 자연스럽게 일어나는 현상으로 항상 좋은 자세를 유지하고 적절한 운동과 체조를 하는 것이 좋다.

임신 말기가 되면 다리에 부종이 생기거나 경련이 일어나고, 불면증과 불안감이 늘어나며 불규칙한 무통성 자궁수축을 경험하기도 한다. 다리의 부종은 체중이 크게 늘어난 것이 주된 원인으로 적당한 휴식과 편안한 복장, 적절한 운동과 발 마사지를 해주어야 한다. 다리의 경련은 자궁이 커져서 신경을 압박하거나 혈액순환이 잘 안 될 경우, 영양부족이나 피로로 인해 발생한다. 경련을 완화시키기 위해서는 근육 마사지 및 운동을 적절히 하고, 충분한 영양섭취 및 수면시 잦은 자세 변경이 필요하다. 다리를 따뜻하게 하는 것도 좋다. 불면증과 불안감 증대는 임박한 분만으로 인한 두려움에서 비롯된 것인 만큼 긍정적인 생각을 갖고 몸을 편안하게 이완해야 하며, 특히 남편이 적극적으로 아내의 불안감을 해소시켜 주려는 노력이 필요하다. 불규칙한 무통성 자궁수축은 분만을 준비하는 신체적 반응으로 자궁수축시 호흡법을 연습하고, 자세를 자주 바꿔주거나 복부 마사지를 하면 된다.

임신 기간 중에 산모는 두 가지의 감정으로 갈등하게 된다. 아이의 엄마가 되었다는 기쁜 감정이 있는 반면 출산에 대한 두려움으로 인해 걱정이 함께 찾아온다. 신체적으로 커다란 변화가 오는 것에 대한 스트레스도 산모를 힘들게 한다. 임신중 산모는 특히 자기중심적이 되는 경향이 강하며 아기에 대한 탐구도 많아진다. 남편 또한 아빠가 된다는 기쁨도 크지만, 가족에 대한 책임감의 증가로 인해 상당한 중압감을 받는다. 따라서 임산부와 남편 간의 감정을 해소하기 위해서는 부부가 서로 솔직하게 이야기를 나누고, 자녀의 의미와 부모의 역할에 대해 생각을 정리할 필요가 있다. 또한 아기의 애칭을 부르거나 태담을 통하여 걱정보다 사랑과 기대가 충만하도록 노력하면 좋을 것이다.

부부가 함께 적극적으로 태교하는 것도 좋다. 『태교신기』를 보면 '스승의 10년 가르침이 어머니 태중 열 달만 못하고, 태중의 열 달 교육이 수태시 아버지의 마음가짐만 못하다'는 말이 있듯이 태교의 중요성은 이미 과학적으로 밝혀져 있고 대부분의 예비 엄마, 아빠들 또한 이러한 사실을 잘 알고 있다. 그런데 태교가 중요하다고 해서 평소에 듣지도 않던 클래식 음악을 듣거나 좋아하지도 않는 시집을 읽는 방식의 태교는 아무런 의미가 없다. 태교에서 가장 중요한 점은 엄마의 마음이다. 엄마가 항상 즐겁고 밝은 마음을 갖고 스트레스를 받지 않으며 아기를 사랑하는 마음을 듬뿍 가지고 있다면 태교는 그것으로 충분하다. 굳이 어려운 클래식을 듣기보다는 엄마가 좋아하는 음악을 마음껏 듣는 것이 태교에는 훨씬 도움이 된다.

임신과 수유기의 영양

건강한 아기를 분만하고 수유하며 임산부 자신의 건강을 유지하기 위하여 임신기와 수유기에는 영양섭취에 대한 특별한 배려가 필요하다. 임신중이거나 수유

중의 영양섭취는 '둘을 위하여' 먹는 것이지 평상시 섭취량의 두 배를 먹는다는 뜻은 아니다. 임신기나 수유기에만 특별히 필요한 영양소는 없으나 비임신기에 비해 열량, 단백질, 무기질 및 비타민의 필요량이 증가하는데 이는 균형 잡힌 식사를 함으로써 섭취될 수 있다.

임신중 하루 열량 권장량은 1일 열량 소비량에 임신중 기초대사의 증가, 태아와 태반의 성장, 모체관련 조직의 증대, 체중 증가, 모체 내 지방축적, 모유분비의 준비 등을 위한 열량을 더한 양이 된다. 임신중에는 단백질을 충분히 섭취하는 것이 중요하다. 적정량의 단백질은 태아의 발육성장을 위해 반드시 필요하고, 태아 부속물의 형성, 모체에 있어서 자궁의 비대, 유선발육, 혈액량 증가 그 외에 장기의 증식 및 임신성 고혈압 예방을 위해서도 양질의 단백질이 필요하다. 단백질은 생선이나 두부, 유제품 등에 풍부하다. 칼슘은 체내의 골격과 치아의 대부분을 차지하고 있으며 근육수축, 혈액응고 등에 중요한 작용을 한다. 유제품, 두부, 뼈째 먹는 생선에 칼슘이 많이 들어 있다. 임신시에는 모체의 혈액량이 50% 정도 증가하며 태아의 혈액도 새롭게 생성되므로 다량의 철분이 요구된다. 그리고 태아의 간에는 다량의 철분이 저장되어 출생 후 수개월 간 정상적인 성장과 영아 빈혈 예방에 이용된다. 철분은 주로 고기, 특히 쇠고기, 간, 암녹색 채소, 해조류 등에 많이 들어 있다. 비타민C가 많은 채소나 과일과 함께 먹으면 흡수율이 높아진다. 커피, 녹차, 콜라 등은 철분 흡수를 방해하므로 식사 도중이나 직후에는 마시지 않도록 한다.

임신중 식사는 비만이 되지 않도록 유의하며 항상 식품 선택에 주의해야 한다. 임신중 체중 증가는 임신 전 기간을 통해 7~15kg 정도이다. 전체적인 체중 증가보다는 체중 증가 양상이 더 중요한데, 일반적으로 임신 초기에 1kg, 임신 중기에 5kg, 임신 말기에 5kg의 체중이 증가한다. 분만 후 수유기에는 엄마의 산후회복,

모유의 분비, 신생아의 육아에 소비되는 열량이 필요하므로 임신으로 늘어난 체중을 임신 전으로 돌리기 위해 심하게 식이 조절을 하는 것은 영양공급에 지장을 줄 수 있다. 따라서 균형 잡힌 식사와 운동을 병행하여 서서히 몸매가 원래대로 되돌아오도록 해야 한다. 수유 그 자체만으로 하루에 500kcal 정도를 소모하므로 수유를 하는 것이 체중조절에 훨씬 효과적이다. 반드시 유념할 것은 임신 기간 중 다이어트는 절대 금물이라는 점과 보약 및 편식 습관은 산모나 아이 모두에게 결코 좋지 않다는 점이다.

임신중 술과 담배는 절대 금해야 하며 카페인이 많은 커피, 콜라, 초콜릿 등도 제한해야 한다. 커피는 하루에 한 잔 정도는 무관하나 600mg 이상의 카페인을 섭취하는 경우 유산, 조산, 사산의 빈도가 높을 수 있다는 점을 주의해야 한다.

임산부 체조

임산부 체조는 임신기의 신체 변화에 적응할 수 있는 체력을 기르고, 적절한 체중조절, 임신으로 인한 근육관절, 인대에 가해지는 긴장을 견디기 위해서 필요하다. 또한 복부 골반 근육을 강화하여 점점 커지는 자궁을 잘 지지할 수 있게 하며 폐순환계 활동을 증가시켜 부종을 예방하는 데도 필요하다. 또한 임산부 체조는 변비와 요통을 감소시키고, 임신으로 인한 스트레스를 해소하는 데도 좋다. 체조를 계속하면 신체 외형이 가꾸어지며 좋은 자세를 유지할 수 있을 뿐 아니라 분만시 통증 완화와 분만 후 빠른 산후회복에도 도움이 된다.

체조를 할 때 준비운동은 철저히 해야 하고 처음부터 격하게 하지 말아야 하며 심한 관절운동은 피하는 게 좋다. 체조와 더불어 충분한 수분과 영양을 섭취해야 하고 운동시 미끄러운 바닥은 피해야 한다. 상체의 체중으로 무릎 관절에 무리가 갈 수 있으므로 앉았다 일어섰다 하는 경우 천천히 움직여야 하며 운동중 통증이 느껴지면 즉시 중단하고 휴식을 취해야 한다.

임산부 운동은 적어도 일주일에 3회 이상, 익숙해지면 매일매일 하는 게 좋다. 특히 남편과 함께 체조를 하는 것이 도움이 된다. 체조 시간은 최소한 식후 2시간이 지난 뒤 배고프지 않을 정도의 공복일 때 매회 1시간 내외로 하는 게 좋으며, 동작은 지극히 고요하고 부드럽게 그리고 호흡에 맞추어 행하며 각 동작마다 의식을 집중해야 한다. 또한 동작의 범위를 무리하지 말고 점차 늘려 나가야 한다. 자세한 임산부 체조는 책이나 인터넷에 많이 소개된 것을 보고 해도 되지만, 되도록 체조교실이나 부부교실에서 강의를 직접 듣고 정확한 요령과 동작을 익히는 게 좋을 것이다.

신생아 돌보기

출산준비 부부교실에서는 출산까지의 과정에 필요한 교육뿐 아니라 출산 후 신생아를 돌보는 방법에 대해서도 교육이 이루어진다. 특히 핵가족으로 인해 전 세대로부터 육아에 대한 교육을 받을 기회가 없었고, 사회적으로도 육아에 대해 체계적인 교육이 이루어지지 않은 상황에서 신생아 돌보기에 대한 교육은 매우 유익하다. 신생아 돌보기 교육에서는 신생아의 신체적 발달과정에 대한 것은 물론 신생아들이 쉽게·걸리기 쉬운 질병과 그에 대한 대처법, 천 기저귀 사용의 중요성과 이유식 방법에 대해서도 교육이 이루어진다. 특히 가장 강조되는 교육이 엄마 아빠의 양육태도와 관련된 것이다.

아이의 뇌는 출생 후 수개월 간 놀랍도록 발전하는데, 이 시기에 적절하게 반응하지 못할 경우 아이 뇌의 발달에 부정적 영향을 미칠 수 있다. 무한한 자극이 아이 뇌를 발달시키는 가장 좋은 방법이므로 끊임없이 아이에게 말을 걸고 다양한 사물에 관심을 갖도록 해주며 주변에 대해 호기심이 생기도록 해주어야 한다. 다양한 놀이를 통해 아이와 적극적으로 놀아주는 것도 아이의 뇌 발달에 도움을 준다.

아이의 뇌 발달과 더불어 중요한 것이 바로 부모와 아기의 애착관계 형성이다. 출생 후 초기 4시간 동안 형성된 초기 애착은 그 이후 시기의 애착 형성에 중대한 영향을 미치므로 출생 후 첫 4시간은 엄마와 아기가 꼭 붙어 있어야 한다. 출생 직후 바로 아기와 피부접촉을 갖고 젖을 물리고 엄마와 아빠의 목소리를 들려주어야 한다. 아기가 세상에 태어나서 수행하는 첫 번째 과업은 엄마와 애착관계를 형성하는 것이라고 한다. 그런데 이것은 출생 직후부터 아기에게 주어지는 모든 '접촉'에 의해 이루어진다. 따라서 아기와 끊임없는 피부접촉이 이루어져야 한다. 아기의 이름을 자주 불러주고, 볼을 문지르고, 뽀뽀하고, 토닥거리고, 이야기해 주고, 얼러주고, 껴안아주어야 한다.

출산준비 부부교실에서는 위에서 소개한 것 외에도 모유수유와 출산 과정, 출산 시 필요한 호흡법에 대해서도 교육을 받는다. 특히 남편의 역할에 대해서 많은 시간이 할애되고 구체적인 실천지침을 교육한다. 이를 통해 출산뿐 아니라 육아의 과정에 남편이 적극적으로 참여하고, 올바른 역할을 할 수 있도록 도와준다.

아름다운 인연, 열린가족 조산원

우리 부부가 참기 힘든 진통을 이겨내며 조산원 문을 막 열었을 때 그곳에는 우아하게 앉아 있는 한 산모가 있었다. 부부교실을 함께했던 분이었는데, 하루 앞서 출산을 했다고 했다. 단정하게 앉아 있는 모습이 어찌나 우아하고 편안해 보이는지 정말로 부러웠던 기억이 아직도 생생하다. 그런데 알고 보니 무려 72시간의 진통 끝에 출산을 했다는 것이다. 조산원 복도를 50바퀴 넘게 돌고, 근처 백화점을 몇 시간씩 돌아다녔다고 한다.

그 아이의 별명이 날쌘돌이인 것은, 임신중에도 태동이 심했는데 진통이 올 때는 물론 머리가 골반으로 진입해서 밖으로 나오려는 순간까지도 팔과 다리를 가만히 두지 않고 버둥거렸기 때문이라고 한다. 나중에 황달 때문에 엎어놓았을 때에도 버둥거리다가 앞으로 배밀이 하듯 나가는 모습을 연출해서 한참을 웃은 적도 있다. 그렇게 일주일 정도 몸조리를 같이 한 게 인연이 되어 그 뒤로도 백일이나 기회가 되면 함께 조산원을 찾기도 하고 종종 연락을 주고받았다. 우리 아이의 첫 동냥젖 도 날쌘돌이의 젖이었다.

날쌘돌이네와 우리가 조산원에 함께 있을 때 아주 젊은 산모가 들어왔다. 결혼은 하지 않았고 아이 아빠는 스물, 산모는 스물 한 살이라고 했다. 그런데 고함소리 몇 번 지르는가 싶더니 조용해졌다. 들어온 지 두 시간도 지나지 않아서 출산을 끝낸 것이다. 젊은 산모는 그 뒤 몇 시간도 안 지나 씩씩하게 청바지 입고 걸어 다니는 모습을 보여줘 다른 산모들의 부러움을 샀다. 그런데 나중에 사연을 알고 보니 정말 기특했다.

둘이 아르바이트 하다가 사귀게 되어 아이를 갖게 되었는데 집에는 말도 못하고 밖으로 나왔다고 한다. 그때부터 산모는 여관방에 있고, 아이 아빠가 열심히 일해서 먹고살았다고 한다. 조산원은 아이 엄마가 인터넷을 뒤져서 알아낸 후 찾아왔다고 한다. 자신의 실수를 끝까지 책임지려는 아이 아빠의 모습이 멋있기도 했지만 더욱 멋진 건 어린 산모였다. 주변 친구들이 왜 조산원에 가냐고 묻자, '병원은 아프고 병든 사람들이 가는 곳이야. 출산은 아프긴 하지만 병은 아니잖아'라고 했던 산모가 바로 이 산모이다.

조산원에 있을 때 산모의 어머니가 오셨고 아이 아빠를 사위로 인정해 주는 모습을 지켜보던 아내는 어린 부부가 너무 멋있다면서, 꼬마신랑이 자기 이상형이라며 아쉬워(?)했다. 이 부부는 조산원에서 아이를 낳은 가장 어린 부부로 기록되어 있다.

내가 아는 조산원에서 가장 나이 많은 산모는 사십대 초반의 산모로 기억된다. 그런데 마흔이 넘은 나이에 조산원에서 자연분만을 결심하게 된 과정에 우리 부부가 기여한 바가 조금 있다. 조산원 체조교실에 다녔던 부인이 먼저 조산원에서 아이를 낳겠다는 결심을 밝혔다고 한다. 그러나 아이 둘을 이미 제왕절개로 낳은데다, 사십이 넘은 상황에서 사실상 초산인 점에 비추어 무리라는 판단이 들었던 조산원 원장님이 만류를 했고, 남편도 병원에서 낳을 것을 권유했다고 한다. 그러던 중 우리 부부의 출산 과정을 담은 비디오를 보더니 남편 또한 조산원에서 아이를 낳겠다는 결심을 했다고 한다. 두 사람이 손을 꼭 잡고 결연한 의지를 보이자 원장님도

하는 수 없이 승낙했다는 것이다.

대부분 조산원의 출산 과정은 조용하게 이루어진다. 고함소리 한 번 나지 않아 말해주지 않으면 조산원에 함께 있으면서도 아이를 낳고 있는지 없는지 모를 정도다. 그런데 이 산모는 모처럼 만에 아이를 낳는 것처럼 조산원이 떠들썩할 정도로 고함을 지르며 출산을 했다고 한다. 마흔 넘어 초산과 다름없는 출산을 했으니 오죽했겠나 싶다. 이분이 그때까지 산모 중 가장 나이 많은 산모로 기록되었는데, 나중에 43세의 산모가 나타나 이 기록도 깨졌다고 한다.

조산원이 인연이 되어 많은 이들과 소중한 관계를 맺었고 지금껏 이어오고 있다. 우리 부부뿐 아니라 조산원을 거쳐 간 많은 이들이 함께 모임을 갖고 육아 정보를 교환하고 있다. 이러한 소중한 인연을 갖게 해준 조산원에 우리 부부뿐 아니라 많은 이들이 항상 감사한 마음을 갖고 있다.

조산원에서 맺은 수많은 인연들이 있지만 그 중에서도 가장 소중한 인연은 서원심 원장님과의 인연이다. 내가 원장님 이름을 처음 접한 것은 인터넷 검색을 통해서 읽게 된 어떤 산모의 출산 일기에서였다. 그때까지 출산에 대해 막연한 두려움만을 갖고 있던 내게 그 출산 기록은 한마디로 충격이었으며 감동이었다. 평화롭고 인간적인 출산의 모습이 거기 있었다. 그리고 그것을 가능케 해준 고마운 이름으로 원장님의 이름이 그곳에 있었다.

같은 곳에서 몇 가지 출산 기록을 더 접할 수 있었는데, 출산 과정은 달랐지만 원장님에 대한 믿음과 고마움은 한결 같았다. '이런 분의 도움을 받으며 출산을 할 수 있으면 얼마나 좋을까'라는 생각을 했지만 단지 생각뿐이었다. 그러나 우리는 출산준비 부부교실을 다니면서 원장님을 직접 뵐 수 있었다. 부부교실을 통해서 우리는 원장님에 대한 확고한 믿음을 갖게 되었고, 그 믿음은 출산 과정을 통해 그대로 확인되었다.

출산 과정뿐 아니라 이후 모유수유를 하는 과정 내내 원장님의 도움을 받았다. 젖을 나눠준 거의 대부분의 산모들을 원장님을 통해서 알게 되었고, 아이 키우는 과정 중 생기는 어려움에 대해서도 많은 도움을 받았다. 친정어머니가 계시지 않은 아내는 마치 친정을 대하듯 조산원과 원장님을 대했다. 다시 한번 서원심 원장님께 감사의 인사를 드리며, 소중한 인연을 맺을 수 있는 행운을 누리게 된 것에 감사한다.

한 번은 서원심 원장님의 제안으로 조산원에서 개최하는 부부교실 첫 강의 시간의 첫 번째 순서를 내가 진행한 적이 있었다. 부부교실을 통해 꼭 배워야 할 것과 참여하는 자세 등을 얘기하면서 우아하게 아이를 낳고 싶다면 열린가족 조산원에서 아이를 낳기를 바란다는 말을 했다. 그리고 부부교실이 계기가 되어 만나는 다른 예비 아빠 엄마들, 조산원과 조산원 선생님들과 소중한 인연을 맺고 출산은 물론 아이 키우는 내내 그 인연이 지속되기를 바란다는 말도 잊지 않았다.

열린가족 조산원과의 인연은 아이를 낳고 기르면서 맺은 가장 아름답고 소중한 인연으로 우리뿐 아니라 조산원을 거쳐 간 많은 이들에게 간직되고 있다. 우리 사회 곳곳에 열린가족 조산원과 같은 편안하고 안락한 곳이 많이 생겨나기를 빌며, 이 글을 읽고 있는 여러분도 기회가 된다면 그런 소중하고 아름다운 인연을 맺을 수 있게 되기를 바란다.

조산원이 인연이 되어 많은 이들과 소중한 관계를 맺었고 지금껏 이어오고 있다. 우리 부부뿐 아니라 조산원을 거쳐 간 많은 이들이 함께 모임을 갖고 육아 정보를 교환하고 있다.

인큐베이터 속 2.1kg 아이의 모유수유 체험기

다음에 소개하는 글은 주변에서 알고 있는 모유수유 체험기록 중 가장 가슴 뭉클한 내용을 담고 있어 소개한다. 이 글은 왜 모유수유를 해야 하고 어떻게 하면 모유수유를 성공할 수 있는지 명확하게 보여준다.

저희 아이는 2.1kg의 몸무게로 조산원에서 태어났습니다. 아이는 조산원에서 퇴원한 직후 바로 인큐베이터에 들어가게 되었습니다. 덕분에 잘 소화시키지 못하고 빠는 힘도 약한 아이는 분유를 먹게 되었답니다. 모유를 줄 수 없는 상황에서 지켜보는 엄마의 가슴은 타들어 갔습니다. 아이가 인큐베이터 속에서 분유를 먹고 있는 모습을 차마 볼 수가 없었습니다. 모유를 줄 수 없냐고 했지만 간호사는 안 된다고 했고, 결국 병원의 만류를 뿌리치고 퇴원을 하였답니다.

잘 빨지 못하는 아이를 위해 유축기로 짠 모유를 먹인 지 두 시간 남짓 후에 일주일간 인큐베이터에서 먹은 분유가 모두 나온 것처럼 엄청난 양의 변을 보아 깜짝 놀랐답니다. 인큐베이터 속에서는 가스가 차서 호스로 가스를 빼내던 아기의 배가 모유를 먹고 변을 본 후 쏙 들어갔습니다. 저는 그 순간 분유보다 모유가 좋다는 말을 실감했고, 제 선택이 옳았다는 확신을 가졌습니다.

퇴원 후 아기는 한 번에 20cc에서 많게는 50cc를 먹었는데, 유축기로 30분 이상

씩 젖꼭지가 아플 정도로 짜내야 50cc 정도가 나올 정도로 젖이 모자랐습니다. 아기가 적게 먹은 것이 오히려 복이라면 복이라고 생각하던 중 갑자기 아기의 먹는 양이 늘어나는 것이었습니다. 그때부터 거의 유축기 앞에서 살다시피 했습니다. 유축기까지 소독하는 극성스런 성격 탓에 잠도 못 자고 너무나 고생스러워 하던 중 젖을 물려보기로 했습니다. 그 전에도 시도는 해보았으나 번번이 실패하였는데 유축기로 짜내고 소독하기가 너무 힘들어 안 되겠다 싶었습니다. 아기와 저는 전쟁을 치렀습니다. 인공 젖꼭지에 보름 이상 익숙해진 아기는 빨려고 하지 않고 울기만 하고, 놀라서 다시 젖병을 물리면 자꾸 다른 젖꼭지들이 들어오니 짜증나 울었습니다. 그렇게 하루를 모녀가 눈물바다로 지내니 간신히 젖꼭지를 물게 되었답니다.

문제는 여기에서 그치지 않았습니다. 깊게 젖을 물지 않아 젖꼭지가 허물고 아파오기 시작했습니다. 그러나 그보다도 아픈 것은 저의 마음이었습니다. 먹는 양은 늘어가는데 젖의 양이 부족하여 잠도 제대로 못 자고, 젖을 빨면서도 울음을 터트리는 아이를 보며 저도 많이 울었습니다. 저는 인터넷에서 자료를 모으기 시작했습니다. 분유 때문에 고생한 경험이 있는지라 정말 분유는 먹이기 싫더라구요. '자꾸 빨리면 늘어난다.' 해답은 그거 하나였습니다.

무조건 물렸습니다. 젖꼭지가 아파도 참아가며 젖을 물렸고, 다른 쪽 젖을 유축기로 짜내어 자극을 주려고 애도 썼지요. 그렇게 짜내다가 젖이 모자라면 어떡하나 걱정하면서요. 새벽에도 몰려오는 잠을 참아가며 시간 내에 젖 짜는 일을 게을리 하지 않았답니다. 그러기를 한 달여! 칭얼대던 아기의 울음도 줄어들고 2.1kg의 아기가 생후 70여 일이 되자 5.5kg을 넘어섰습니다. 이제 젖도 많이 늘어 아기가 원하는 만큼은 주는 것 같습니다.

모유가 부족하다고 느끼시는 분들은 절대 포기하지 마세요. 젖이 딱딱해질 정도로 붓는다면 그것은 적당한 게 아니라 젖이 남아도는 것입니다. 정말 모유수유에 성공하기 위해서는 엄마의 노력이 필요하답니다. 세상에 쉬운 일은 없지요. 굳은 의지로 밀고 나가야만 젖의 양을 늘릴 수 있답니다. 힘들다고 분유를 섞어 먹이면 본인도 힘들고 아기도 힘들고, 결국 분유를 먹이게 되고 젖도 줄어드니까요. 젖을 깊이 안 문다고 걱정하지 마세요. 오히려 엄마의 걱정이 상황을 더욱 악화시킨답니다. 분유를 먹이고 싶은 생각이 들거든요. 단번에 쑥 물면 좋지만 그렇지 않은 경우가 대부분일거라 생각해요. 아이 스스로 무는 법을 익힌답니다. 우리 아기는 꼭지가 아픈 어느 순간에 함박 물어 엄마를 깜짝 놀라게 했답니다.

지금은 아기를 안고 젖을 먹이는 게 얼마나 여유롭고 행복한지 모릅니다. 내 몸으로 아이를 키우는 뿌듯함, 그리고 꼬~옥 껴안고 먹이니 더욱 사랑스럽구요 손과 발을 꼼지락거리며 빠는 일에 열중하는 아기를 보며 새삼 생명에 대한 경외감을 느끼기도 한답니다. 저는 오래도록 모유를 먹일 생각이랍니다. 아기에게 탈도 없으며 살도 포동포동하게 오른답니다. 건강하게 자람은 물론이거니와 아기도 엄마 살을 맞대고 식사를 하니 얼마나 좋을까요. 몸과 마음이 지치더라도 조금만 더 참아보세요. 그것이 엄마와 아기가 편해지는 지름길이랍니다.

돌잔치와 아이의 미래

이틀 연속 돌잔치에 다녀온 적이 있었다. 첫날은 아내의 친구, 둘째 날은 내 친구네 돌잔치였다. 물론 대부분 그렇듯이 북적거리는 뷔페였고, 아이에 대해 축하말 몇 마디하기도 어려운 소란스러운 돌잔치였다.

첫날 아내 친구네 돌잔치에는 일찌감치 도착했다. 상자에 돌떡을 담아 돌리기 위한 준비가 늦어져 아내는 도착하자마자 열심히 일을 도왔다. 우리도 얼마 지나지 않아 돌잔치를 해야 하기 때문에 준비 과정이나 물품들을 세심하게 살폈다. 돌떡 담는 상자 가격도 물어보고 돌상도 유심히 관찰했다. 돌잔치 진행 과정도 눈여겨볼 겸 주의를 기울였지만, 별다른 것은 없었다. 사진 찍고, 돌잡이하고, 아이의 건강을 빌어주는 축하 글을 적고 비디오 인터뷰를 하는 것이 전부였다.

돌잔치가 중간쯤 진행되었을 무렵 사람이 너무 많아지고 아이도 힘들어하는 것 같아 그만 집에 가기로 하고 나왔다. 한 시간 정도 있다가 음식만 먹고 간 우리도 이렇게 힘든데, 아이 데리고 서너 시간 동안 잔치 치르는 이는 얼마나 힘들까 싶었다. 특히 아이가 고생스러워 보였다. 편히 쉴 공간도 없는 낯선 곳에서, 끊임없이 낯선 사람들을 접하며 무엇을 하는지도 모른 채 지내는 시간이 무슨 의미가 있을까 싶었다.

둘째 날 친구네 돌잔치에는 사정이 있어 혼자 가야 했다. 친구네 돌잔치에는 조금 늦게 도착했는데, 간단히 저녁을 먹고 이런저런 얘기를 나누다 돌아왔다. 이미 마무리하려는 시간이어서 앞부분은 볼 수 없었지만, 분위기와 장소로 보아 별다른 프로그램은 없는 듯싶었다.

이틀 연속 돌잔치를 다니고 나서 우리 아이의 돌잔치에 대해 심각하게 고민하게 되었다. 무엇보다 생일의 의미, 특히 첫 생일의 의미에 대해 깊이 생각하게 되었다. 내 어릴 적 생일은 소담스런 생일 상과 할머니의 정성 어린 새벽기도의 모습으로 기억되며, 20대 초반의 생일은 요란스런 술잔치와 선후배 동료의 축하 인사로 기억된다. 어릴 적 할머니가 빌었던 소원이 어린 손자의 건강과 복된 삶이었다면, 20대 초반의 선후배 동료들의 축하 인사는 내 미래에 대한 끝없는 노력, 가족에 대한 감사를 일깨워주는 것이었다. 아이가 세상에 태어나서 처음 맞이하는 생일에는 어떤 축하상을 마련하고, 어떤 소원을 빌어주어야 할까? 고민의 핵심은 여기에 있었다.

먼저 돌잔치 상은 소박하고 정성스럽게 차려주고 싶었다. 겨우 일 년밖에 살지 않은 아이의 생일 상에 환갑잔치 상과 같이 높게 쌓은 과일이나 떡은 어울리지 않는다는 생각에서였다. 생일 상은 그 사람의 연륜에 맞게 차려야 하며, 그런 의미에서 돌잔치 상은 기본적으로 소박해야 한다고 믿었다.

돌잔치 상은 또한 정성이 들어가야 한다고 생각했다. 부모가 아이에게 차려주는 첫 번째 생일 상이므로 소박하지만 정성을 가득 담아야 할 것이다. 이렇듯 소박하고 정성스러운 돌잔치 상을 마련하기 위해서는 결국 부모가 직접 정성스럽게 만들어 소담하게 차려야 한다는 생각이 들었다. 나중에 돌잔치를 구체적으로 준비하면서 전통적인 돌잔치 상을 소개한 책을 읽고 내 생각이 맞았다는 걸 확인할 수 있었다.

먼저 **돌잔치** 상은 소박하고 정성스럽게 차려주고 싶었다. 겨우 일 년밖에 살지 않은 아이의 생일 상에 환갑잔치 상과 같이 높게 쌓은 과일이나 떡은 어울리지 않는다는 생각에서였다. 생일 상은 그 사람의 연륜에 맞게 차려야 하며, 그런 의미에서 돌잔치 상은 기본적으로 **소박**해야 한다고 믿었다.

돌잔치 장소는 아이가 힘들어하지 않는 곳에서 여유롭고 충분한 축하를 받고, 여러 사람의 덕담을 들을 수 있는 곳을 찾기로 했다. 한참 유행하는 패밀리 레스토랑의 독창적인 생일잔치들은 이러한 점에서 일정 부분 긍정적으로 생각되었다. 그러나 요란스럽고 화려하며 일정하게 짜여진 틀에서 아이와 아무런 인연도 없는 이의 사회로 돌잔치를 진행하는 것은 마음에 들지 않았다. 작은 공간이면서 화려하지 않고, 전체적인 생일잔치를 여유 있게 진행할 수 있는 공간을 찾기로 했다.

여유 있는 공간에서 앞으로 계속 아이와 인연을 맺고 살아갈 사람들의 축하로 생일잔치가 채워지는 모습! 내가 처음 그려본 우리 아이의 돌잔치 모습이었다. 또 하나 그려본 돌잔치의 모습은 아빠나 엄마가 사회를 보는 것이었다. 아이를 가장 소중하게 생각하고 가장 곁에서 많이 지켜본 엄마나 아빠가 사회를 보아야 아이에게 의미 있는 생일잔치를 만들 수 있지 않을까 싶었다. 아이에게 빌어주는 소원은 많은 이들의 축하와 잔치 속에서 자연스럽게 나오는 이야기로 채우고 싶다는 생각을 했다. 아빠로서 어떤 소원을 빌어줄지도 고민이 되었다.

두 군데의 돌잔치를 돌아보고서 나는 우리 아이 돌잔치는 소박한 잔치 상, 여유로운 공간, 아빠나 엄마가 이끄는 잔치, 축하가 넘치는 잔치여야 한다고 결론 내렸다. 그리고 2002년 3월 9일 토요일 오후에 아이의 첫 생일을 축하하는 돌잔치가 열렸다.

돌잔치 장소는 지하철역에서 1분 거리에 있는 소담스런 전통음식점이었다. 예스러운 분위기가 가득한 데다 50여 명 정도가 함께 할 수 있는 공간이 있어서 좋았다. 돌잔치다운 분위기를 만들기 위해 공간을 직접 꾸몄다. 아이의 돌잔치가 있는 뒷부분은 병풍을 치고 병풍 위에는 선물받은 아이의 초상화를 걸어놓았다. 초상화를 중심으로 꽃무늬 장식을 가볍게 하고 아이의 생일을 축하하는 큰 글귀를 무대 중앙에 써 붙였다. 입구에는 돌잡이로 무엇을 잡을지 맞히는 투표함과 돌잔치의 의미를 알리는 글을 붙여놓았고, 바로 옆에 아이에게 남길 글을 쓰는 방문록을 한지 책자로 마련해 두었다.

돌상은 소담스럽게 차렸다. 전통적으로 돌상을 차리는 풍습은 가세에 따라 다르기는 하였으나 기본적으로 혼례나 회갑상처럼 음식을 높이 괴지 않고 떡과 과실, 물건 등을 푸짐하게 차려 놓았다고 한다. 아이의 돌상 음식은 엄마가 아침에 직접 만든 나물과 국수, 돌 축하 떡 케이크 및 돌떡, 그리고 가게 주인아주머니가 내어주신 맛있는 반찬으로 소담스럽게 차렸다. 돌잡이 물건은 공, 책, 붓, 실, 마우스, 신용카드를 올려놓았다. 과거에는 활을 놓아 무운과 용맹을 상징하였다고 하는데 우리는 건강한 몸과 체력을 기원하는 의미로 공을 놓았다. 책은 장래에 큰 학자가 되길 바라는 의미로 두었는데, 돌상에 놓은 책은 잘 보관하였다가 아이가 자라면 읽게 한다고 한다. 붓은 역시 재주 많은 학자가 되라는 뜻인데 예술적, 문화적 재능을 기원하는 뜻으로 놓았다. 실은 장수를 기원하며 두었고, 마우스는 정보화 시대를 올바르게 살기 바라는 마음에서 두었다. 마지막으로 부자가 되라는 의미로 두는 돈이나 엽전 대신 신용사회의 상징인 신용카드를 두었다.

돌잔치는 가볍게 모여 앉아 음식을 먹다가 축하객들이 일정하게 모인 시점에서 아빠가 직접 사회를 보며 진행하였다. 먼저 아이의 돌을 축하하는 돌잔치 노래를 배웠다. 스무 살 생일에 즐겨 부르고 듣던 노래의 노랫말을 약간 고쳐 만들었다.

"효원이의 생일을 축하합니다. 첫 번째 생일을 축하합니다.
건강하고 씩씩하게 무럭무럭 자라서

아름다운 세상 위해 함께 할 수 있는 햇살이 되자.
효원이의 생일을 축하합니다. 첫 번째 생일을 축하합니다.”

　　다음으로 지난 일 년 동안 엄마가 아이를 키운 이야기를 소개하며 이런 아이가 되었으면 하는 바람을 이야기했다. 다음으로 참가하신 분들 중에서 몇 분이 축하 인사말을 해주고, 판소리와 공연활동을 하는 후배 둘이 차례로 축하공연을 해주었다. 마지막 행사로는 돌잡이를 진행했다. 아이는 돌잡이 물건으로 붓을 잡았고, 붓을 잡을 것이라고 투표한 분들 중 추첨을 통해 선물을 주고, 나머지 분들에게도 추첨을 통해 선물을 주었다. 추첨행사가 끝나고 돌을 축하하는 축하노래를 부르는 것으로 돌잔치 행사는 마무리되었다. 건강하게 태어나서 씩씩하게 자라게 해준 데 대한 감사를 충분히 하지 못했다는 점이 조금 아쉽기는 했지만, 소담스러우면서도 사람들과 충분히 이야기를 나눌 수 있는 여유가 있어 만족스런 돌잔치였다.

　　돌잔치 날 아내는 아이를 위해 다음과 같은 소원을 빌어주었다. 이 소원은 아내가 아이를 낳기 전부터 꼭 이렇게 아이를 키우고 싶다고 말하던 내용이었다. 『오래된 미래, 라다크로부터 배우다』(녹색평론사)라는 책을 읽고 난 후 아내는 자신의 아이가 라다크의 아이처럼 자라길 바라는 마음이 생겼다고 한다. 『오래된 미래, 라다크로부터 배우다』는 아이의 돌잔치 상에 올려진 책이다.

　　“라다크라는 곳이 있습니다. 그곳의 아이들은 모든 게 열악한 상황에서 허름한 외모로 인해 외부인들에게 무시를 많이 당한다고 합니다. 그런데 그렇게 무시를 당하면서도 라다크의 아이들은 절대 기분 나빠하거나 화를 내지 않는다고 합니다.

왜냐하면 라다크의 아이들은 태어나 자라면서 단 한 번도 무시당하지 않고 인격을 충분히 존중받으며 살았기 때문에 누가 뭐라고 해도 자신에 대한 자긍심과 사람들에 대한 애정을 버리지 않는다고 합니다. 우리 아이가 라다크의 아이처럼 스스로를 존중하고 다른 사람의 인격을 존중하며 살아가길 바랍니다. 아니 이 땅의 모든 아이들이 자신을 존중하고, 서로를 존중하며, 인간다운 삶을 누릴 수 있기를 기원합니다.”

직장에서 돌아온 아내가 저녁을 먹고 나더니 모처럼 내일 쉰다며 비디오 한 편 보자고 했습니다. 비디오를 빌리러 아이와 같이 셋이서 나갈까 했지만 날씨가 갑자기 추워져 혼자 다녀오기로 했습니다. 그런데 갑자기 아이가 나가려는 저를 붙잡고 울먹이기 시작했습니다. 그러더니 아빠가 자기를 안을 때 쓰는 '슬링'을 챙겨서 아빠한테 주고는 옷장을 열고 옷을 꺼내는 것이었습니다. 눈가에는 계속 눈물이 글썽였고 입에서는 조금씩 울음이 터져 나오면서 하염없이 저를 쳐다보았습니다. 같이 가자고 하니까 그제야 아이는 울음을 그치고 환해졌습니다. 보고 있던 아내가 서운한 듯이 말을 했습니다.

"내가 출근할 때는 그냥 빠이빠이 하더니 아빠가 잠깐 나갔다 온다고 하는데도 저렇게 울고불고 난리네. 아빠가 그렇게 좋아?"

아이는 뭐가 그리 좋은지 싱글거리며 아빠가 옷을 다 입혀줄 때까지 얌전히 있다가 옷을 다 입자마자 제 품에 덥석 안겼습니다. 엄마의 잘 다녀오라는 말을 뒤로 하고 아이와 저는 비디오가게를 향해 집을 나섰습니다. 나가면서 아이에게 물었습니다.

"아빠가 그렇게 좋아?"

아이는 그 말을 알아들었는지 못 알아들었는지 생글거리는 미소로 답해주었습니다. 정말 뿌듯한 순간이었습니다. 아이의 건강이 괜찮아질 때까지 직장을 쉬면서 아이를 돌보겠다고 결심했던 것이 너무나 잘한 일이라는 생각이 들었습니다.

아이를 떼어놓을 때의 풍경이 예전에는 반대였습니다. 어린이집에 맡길 때 아빠와는 쉽게 떨어졌지만, 엄마가 맡기는 날이면 떼어놓기 힘든 경우가 많았다고 합니다. 그럴 때마다 아내는 저한테 전화를 걸어 하소연을 하곤 했습니다. 이렇게 힘들게 살아야 하는 거냐고. 그런데 제가 아이를 돌보면서 아이의 태도가 바뀐 것입니다. 아빠가 돌본 후부터는 엄마가 출근할 때 잘 다녀오라고 손 한번 흔들고 잘 헤어졌습니다. 아내가 야간 근무를 위해 밤 열 시에 출근할 때도 아무 일이 없었습니다. 그런데 아빠가 잠시 밖에 나갔다 오는 것은 못 참고 연신 아빠를 부르며 따라 나서려고 합니다. 이런 상황이니 아내가 서운할 만도 합니다.

아내가 조금 서운한 듯한 표정을 지을 때마다 밖으로 내색을 하지는 않았지만 저는 뿌듯한 마음이 들곤 합니다. 아이가 아빠를 무척 좋아한다는 사실 외에도 단지 엄마를 도와주는 아빠에 머물지 않고 엄마와 더불어 대등한 육아의 주체가 되었다는 사실을 확인했기 때문입니다. 그리고 아이가 엄마 뱃속에 있을 때부터 지금까지 한 여섯 가지 약속을 모두 잘 지키고 있다는 사실을 확인했기 때문이기도 합니다.

우리 부부는 요즈음 아이에게 형제를 만들어주기 위한 준비를 하고 있습니다. 둘째를 낳을 계획은 아닙니다. 둘째는 적당한 시기에 입양을 하려고 합니다. 우리가 이 사회를 살면서 많은 것을 받았는데, 조금이나마 돌려 줄 수 있는 가장 좋은 방법 중 하나가 입양이라고 생각했기 때문에 첫 아이를 임신했을 때부터 둘째는 입양을 하자고 약속을 했습니다. 물론 아직은 여건이 되지 않아 마음뿐이지만 머지 않은 장래에 우리 가정엔 새로운 식구가 들어올 것이고, 그 아이는 첫째 아이의 동생이 될 것입니다. 첫째 아이에게 하는 일곱 번째 약속은 형제를 만들어주겠다는 것이고, 우리는 그 약속을 지킬 것입니다. 그리고 둘째 아이가 오면 우리는 또다시 그 아이에게 약속할 것입니다. 너를 키우며 최소한 이것들은 지켜주겠노라고…….

기저귀 빠는 아빠 박기복의 열혈육아기

효원이 잘 커요?

초판인쇄 2003년 8월 20일
초판발행 2003년 8월 25일
지은이 박기복
펴낸이 심만수
펴낸곳 (주)살림출판사
주소 110-847 서울시 종로구 평창동 358-1
출판등록 1989년 11월 1일 제9-210호
전화번호 영업 · (02)379-4925~6
　　　　 기획 · (02)396-4291~3
　　　　 편집 · (02)394-3451~2
팩스 (02)379-4724
e-mail salleem@chollian.net
홈페이지 http://www.sallimbooks.com

ⓒ (주)살림출판사, 2003　 ISBN 89-522-0121-3 03590

값 9,000원